Basic Skin Care for Esthetician

에스테티션을 위한 기초 스킨케어

김유정 · 이수미

Gadam BOOK & DESIGN PLUS

머리말

현 사회의 한류열풍이 드라마, 케이팝(K-POP)에 이어 뷰티 산업까지 확산되면서 우리나라 뷰티에 대한 케이뷰티(K-BEAUTY) 관심으로 증대되고 있으며 글로벌 산업으로 발돋움해가고, 더불어 피부미용에 입문하고자 하는 학생들의 수가 증가되고 있습니다. 이에 맞추어 피부미용에 대한 학문은 앞으로 더욱더 과학기술적, 학술적, 실용적, 기능적 측면이 피부미용을 연구하는 과학자로 통하여 날로 발전해야 할 것입니다.

이 책은 피부미용에 대한 기초부터 활용까지 제 3장으로 구성되어 있으며, 피부미용 개론, 피부미용관리 이론, 피부미용관리 실제로 이루어져 있으며, 얼굴 일러스트를 삽입하여 실제적인 관리를 체험, 학습해 볼 수 있도록 활용도를 높였습니다.

이와 같이 피부미용인과 인체를 다루는 유사학문을 하고 있는 여러분께 도움이 되길 바라며, 피부미용 서적으로 우리나라 뷰티 업계의 발전에 자그마한 보탬이 되길 바라는 마음입니다. 또한 본서를 위해 격려해주신 명지전문대학 총장님과 뷰티아트과 교수님들, 학생 여러분께 고마움을 표합니다.

2017. 2

저자 드림

Basic
Skin Care for
Esthetician

목 차

Part 1 기초 이론편 9

Chapter. 1 피부미용의 이해 10

1. 피부미용의 개념과 영역 11
 (1) 피부미용의 개념 11
 (2) 피부미용의 영역 13

2. 피부미용의 목적과 필요성 15
 (1) 피부미용의 목적 15
 (2) 피부미용의 필요성 16

Chapter. 2 피부미용관리의 기초 18

1. 피부미용사의 이해 19
   (1) 피부미용사의 정의 19
   (2) 피부미용사의 필요조건 20

2. 피부미용사의 기본요건 21
   (1) 기본 준비사항 21
   (2) 관리하기 전의 준비사항 22
   (3) 일반적 주의사항 23

3. 피부 관리물품 준비요소 25
   (1) 고객 관리프로그램 준비 25
   (2) 관리사 필요준비 27

4. 피부분석 및 유형별 관리방법 31
   (1) 피부분석 31
   (2) 피부유형별 특징 36
   (3) 피부유형별 관리방법 37
   (4) 피부미용 관리순서 40

Part 2 실무편 41

Chapter. 3 피부미용관리의 실무 42

1. 클렌징(cleansing) 43
   (1) 포인트 클렌징(point cleansing) 44
   (2) 안면 클렌징 55

2. 눈썹정리 67

3. 해면과 습포 68
   (1) 해면 68
   (2) 일회용 해면 75
   (3) 습포 81

4. 화장수 92
   (1) 화장수의 종류 93

5. 딥클렌징(deep cleansing) 100
   (1) 딥 클렌징의 효과 100
   (2) 딥 클렌징의 종류별 사용방법 및 특징 101

6. 두피마사지 105

7. 매뉴얼 테크닉(manual technique) 118
(1) 효과 효능 118
(2) 마사지시 주의사항 119
(3) 마사지의 기본동작 119
(4) 실전 매뉴얼 테크닉 122

8. 팩과 마스크(pack & mask) 163
(1) 팩과 마스크의 특성 163
(2) 효과 효능 164
(3) 사용방법 164
(4) 사용 시 주의사항 164
(5) 제거방법에 따른 분류 165
(6) 팩과 마스크의 사용방법 166

Basic Skin Care for Esthetician

Part 1

기초 이론편

1 Chapter.
피부미용의 이해

1. 피부미용의 개념과 영역

(1) 피부미용의 개념

피부미용(aesthetic)이란 사전적으로 미적, 심적, 미학의 개념을 지니며, 아름답고, 건강하고, 청결하게 '피부를 가꾸다'라는 의미로 어느 나라에서나 변하지 않는 확고한 의미로 정의되기 보다는 시대의 성장과 발전에 따라 어느 정도 변화되어 왔으며, 같은 시대라 할지라도 나라에 따라 그 의의와 범위가 매우 다양하다. 이에 대표적으로 미국의 스킨케어(skin care, aesthetic), 영국의 에스테틱(esthetic, cosmetic), 독일의 코스메틱(kosmetik), 프랑스의 에스테티크(esthetique), 일본의 에스테(エステ) 등의 용어에 해당된다.

현대인의 미에 대한 욕구는 신체관리에서 점점 스트레스 관리로까지 확대되면서 체계적인 관리를 요구한다. 이에 얼굴과 신체의 피부를 아름답게 유지 · 보호 · 개선 관리하기 위하여 각 부위와 유형에 적절한 관리 방법과 제품과 기기를 올바르게 사용하여 수행하는 행위의 해석적 의미를 가지고 있다. 또한 미적 심리학 관점에서 출발하여 피부의 젊고, 아름다움을 유지할 수 있도록 과학적 이론을 토대로 얼굴과 신체의 피부를 대상으로 화학적 · 물리적 방법을 적용하여 피부를 관리하는 보호적, 장식적, 심리적인 총체적인 기능을 가지고 있다.

※ 각 나라별 피부미용 용어와 의미

① 독일(kosmetik)

미용, 화장술, 장식 등의 의미로 통용되고 있으며, 미용 제재와 미용 제품의 의미로도 사용한다.

② 프랑스(esthetique)

화장품과 피부미용을 구별하기 위해 대표적으로 사용되었으며, '심미적인, 미학, 미의식'의 의미를 가지고 있다.

③ 영국(esthetic/cosmetic)

감각(感覺)의, 미용(美容)의 포괄적인 의미로 미용, 피부미용, 화장품으로 사용되고 있으며, 그 어원은 그리스어의 'Kosmein'에서 유래되었고, '관리하다, 장식하다, 치장하다'라는 뜻을 내포한다.

④ 대한민국(esthetician)

1981년 YMCA에서 독일의 피부미용을 도입하여, 1991년 미용과가 개설되었으며, 1999년 한국직업능력개발원에서 피부관리사를 여성 직종으로 개발, 2008년 국가자격시험이 시행되었다.(http://t.q-net.or.kr)

⑤ **미국**(skin care/aesthetic)

예술적 미의 심미(審美)적인, 미학적 특질이 있는 뜻으로 피부 미용의 포괄적인 의미로 통용되고 있다.

⑥ **일본**(エステ)

'エステティックサロン' 줄임말로 미용, 탈모 등 까지 관리해주는 전신 미용법의 의미로 사용한다.

(2) 피부미용의 영역

1) 공식적 영역

피부미용업무는 공중위생분야로서 국민의 건강과 직결되어 있는 중요한 분야로 향후 국가의 산업 구조가 제조업에서 서비스업 중심으로 전환되는 차원에서 수요가 증대되고 있다. 머리, 피부미용, 화장 등 분야별로 세분화 및 전문화 되고 있는 미용의 세계적인 추세에 맞추어 피부미용을 자격제도화 함으로써 피부미용분야 전문인 력을 양성하여 국민의 보건과 건강을 보호하기 위하여 자격 제도를 제정하였다.(미용사(피부) 개요, 한국산업인력공단 발췌)

피부미용의 영역은 의료기기나 의약품을 사용하지 아니하는 얼굴 및 신체의 피부를 각 부위와 유형에 적절한 관리법과 기기 및 제품을 사용하여 피부 상태 분석, 피부 관리, 전신관리, 눈썹손질, 제모 관리 등을 수행한다.

2) 실제적 영역

예전의 단순한 미화 및 분장의 피부미용 측면에서 현대에는 인류 문명의 발달과 생활

수준의 향상에 따라 인간의 자아를 표현하는 하나의 방법으로 피부미용과 건강을 생각하는 개념으로 바뀌어 내 · 외적 환경으로부터 피부를 보호하고, 적극적인 노화 관리 및 스트레스를 해소하고 예방하는 방향으로 확대되고 있다.

• **피부관리**(facial treatment)

피부의 유형과 상태를 분석하고, 진단한 후 증상에 따라 미용기기나 화장품 또는 림프드레니쥐 요법 등을 이용하여 혈액순환의 촉진 및 신진대사의 활성화를 시켜주는 관리로 안면 특수관리, 안면 일반관리를 한다.

• **전신관리**(body treatment)

얼굴을 제외한 모든 부위를 건강하고 아름답게 가꾸고 손질하는 것으로 전신 근육을 마사지로 풀어주어 혈액을 순환시킴으로서 피로회복도 겸하는 케어를 말한다.

※ **한국산업인력공단의 미용사(피부) 수행직무**

얼굴 및 신체의 피부를 아름답게 유지 · 보호 · 개선 관리하기 위하여 각 부위와 유형에 적절한 관리법과 기기 및 제품을 사용하여 피부미용을 수행한다.

2. 피부미용의 목적과 필요성

(1) 피부미용의 목적

피부(skin)는 우리 신체를 덮고 있는 가장 큰 기관으로 외부의 자극으로부터 신체의 내부 환경을 보호하는 기능을 하고, 체온의 조절기능과 방벽기능, 지각기능, 배설 · 분비 작용 및 비타민 D 생성, 호흡기능, 흡수기능, 영양소 저장기능, 감각기능, 면역기능 등의 다양한 생리적 기능을 수행한다.

피부는 성별, 연령, 유전, 수면, 스트레스, 피부질환, 영양섭취 등에 따른 내적 요인으로부터 여러 가지 외부로의 자극, 마찰, 화장품, 비누와 세정제, 기후와 계절의 변화, 햇빛 등의 환경요소까지 내 · 외적 요인으로 인한 피부미용 상의 문제를 물리적이나 화학적인 방법을 이용하여 예방하고, 피부의 생리적 기능을 자극함으로써 아름답고 건강한 피부를 유지하고 관리하는 데에 목적을 두고 있다.

즉, 피부를 건강하게 유지하는 방법은 피부의 본래 기능을 유지하게 하면서 외부 자극으로부터 피부를 보호하는 것이다. 그러기 위해서는 자신의 피부가 얼마나 건강한지

알아둘 필요가 있다. 이에 피부미용은 피부에 나타나는 변화 현상을 치료하는 것이 아니라 변화에 영향을 주는 요소들을 파악하여 개선시키고, 앞으로 생길 수 있는 문제들을 예방하고 관리하는 것에 목적을 두고 있다.

(2) 피부미용의 필요성

피부미용의 대상은 피부이다. 피부는 다양한 세포들로 이루어진 한 개의 기관으로서 조직학적 구조는 상피조직의 표피(epidermis), 결제조직인 진피(dermis)와 피하조직(subcutaneous tissue)으로 이루어져 있으며 피부 부속기로 모발(hair), 피지선(sebaceous gland), 에크린 한선(eccrine sweat gland), 아포크린 한선(apocrine sweat gland), 조갑(nail) 등을 볼 수 있다.

피부는 물리적, 화학적으로는 외부 환경으로부터 체내기관을 보호할 뿐만 아니라 체온을 유지하기 위한 생리적 기능을 가지고 있으나 이것은 성별, 연령, 계절, 환경, 생활조건 등 개인차에 따라 다르며, 건강상태와 스트레스 등의 감정 장애와 밀접한 관계가 있으며 이러한 여러 요소에 의하여 더욱 변화한다. 피부는 건강한 생활을 영위하는 사람의 피부가 생기가 있고, 아름답게 보이는 이유가 된다. 따라서 반대의 경우에 피부의 살갗이 빛을 잃고 거칠어지기 쉬우며, 근육의 탄력 저하 및 피부의 저항력을 떨어지게 하므로 피부를 쉬게 하는 것이 중요하다.

경제적 성장과 산업 구조의 변화로 현대인들이 여러 가지 문제(공해, 환경오염, 스트레스, 영양 과잉 섭취, 운동 부족, 식생활의 편의성, 생활 형태의 불균형 등)에 노출되면서 피부 및 신체에 악영향으로 작용되고 있으며, 이를 개선하고 균형을 맞추고자 하는 필요성이 강하게 대두되고 있다.

현대의 피부미용은 언제까지나 젊고 아름다움을 희망하는 인간의 본능적 욕구 충족 수단으로 피부의 건강과 아름다움을 화장품에만 의존하는 하는 것이 아니라, 유형에 따른 적절한 관리법, 기기 및 제품사용으로 얼굴 및 신체의 피부와 근육의 생리기능을 높여주고, 피부의 혈액순환이 잘되게 하여 윤기와 탄력을 유지시켜준다.

또한 피부미용은 일상생활의 즐거움을 주어 삶의 질을 더욱 윤택하게 하고, 스트레스 해소로 인한 정신적 긴장을 완화시키고, 좋은 자세의 유지 및 교정 등으로 신체의 균형적 발달을 가져오게 한다.

2 Chapter. 피부미용관리의 기초

1. 피부미용사의 이해

(1) 피부미용사의 정의

피부 과학에 대한 기초적 지식을 두고 피부 변화에 영향을 줄 수 있는 해부생리학, 향장학, 근육학, 심리학, 영양학, 보건학 등의 인체 내에서의 변화나 작용의 화학적인 지식을 필요로 하는 학문이 피부미용이며, 이에 피부미용학에 대한 명확한 이해와 더불어 사람에 대해 깊은 이해를 가지고 피부미용을 행하는 전문가를 피부미용사라 부른다.

1) 한국산업인력공단의 자격개요

*** 미용사(피부) 자격 개요**

① 미용사(피부)란 한국기술자격검정원에서 시행하는 미용사(피부) 시험에 합격한 자를 말한다.

② 미용산업의 세분화, 전문화 추세에 맞추어 미용사(일반) 자격 외에도 피부미용 자

격, 네일(손, 발톱) 자격이 별도로 분리되어 자격제도화 되었다. 미용사(피부) 자격은 2008년부터 미용사(일반) 자격에서 분리되었다.

③ 미용업(피부)의 영업신고를 하기 위해서는 종전에는 미용사(일반) 자격증을 취득해야 했으나 2008년 이후부터는 미용사(피부) 자격취득자가 미용업(피부) 영업신고를 할 수 있다.

(2) 피부미용사의 필요조건

피부미용사는 피부 질환으로 정의 내릴 수 없는 연령, 성별, 계절, 기후, 세균, 햇빛, 음식물, 화장품, 약, 생활 조건 등에 의하여 변화하기 때문에 변화의 원인 및 요소에 대한 파악이 정확히 되어야 하며, 미용기기 및 제품, 관리법을 올바르게 수행 할 수 있어야 한다.

① 피부미용사들은 피부분석을 할 수 있는 학문에 대한 폭넓은 이해가 바탕이 되어야 한다.

② 피부미용사들은 피부 과학에 대한 기초적 지식 외에 피부 변화에 영향을 줄 수 있는 해부생리학, 생리학, 화학, 향장학, 근육학, 심리학, 영양학, 비만학, 보건학, 소독학, 전염병학, 세균학, 기기학 등의 학문에 대한 이해가 선행되어 있어야 한다.

이와 같은 필요조건이 충족 되었을 때 공중위생법 시행규칙 제 14조(업무범위)와 한국산업인력공단의 피부미용 수행 직무에 의거한 피부미용사의 업무를 정확히 행할 수 있는 것이다.

2. 피부미용사의 기본요건

(1) 기본 준비사항

좋은 인간관계의 시작은 첫 이미지에서 시작되기 때문에 관리사 한 사람의 이미지는 회사 전체의 이미지이다. 그래서 항상 청결하고 난성하게 순비된 자세로 고객을 맞을 준비를 해야 한다. 또한 전문가로서 직업에 대한 자부심과 자긍심을 통해 고객에게 신뢰성과 공감성을 심어줄 수 있도록 한다.

① 과학적인 지식과 기술은 물론 복장은 항상 청결, 단정해야 한다.

② 두발은 단정함을 원칙으로 하며, 길이가 긴 경우 머리 망을 이용하여 깔끔함을 더한다.

③ 메이크업은 가볍고 깨끗한 화장을 한다. 짙은 화장은 거부감을 줄 수 있으므로 피하는 것이 좋다.

④ 신발은 앞부분이 막혀 있는 단화를 선택하고, 항상 깨끗함을 유지해야 한다.

⑤ 양말은 항상 착의하며, 청결함을 유지한다.

⑥ 관리 전, 후 손은 소독하고, 반지, 팔찌 등의 액세서리는 피한다.

⑦ 손톱은 짧게 유지하고 청결하도록 세심한 주의를 기울인다.

⑧ 관리 시 마스크를 착용하여, 고객에게 불쾌감을 주지 않도록 스스로의 향취도 항상 고려해야 한다.

⑨ 전문적인 관리사의 모습을 보일 수 있도록 스스로의 피부와 체형을 관리 할 수 있어야 한다.

⑩ 피부미용사로서의 자부심, 자긍심을 갖는다.

⑪ 고객을 사랑하는 마음, 즉 인간에 대한 애정을 가져야 한다.

(2) 관리하기 전의 준비사항

고객이 가장 편안하게 이완시킬 수 있도록 환경적인 요소와 심리적인 요소들을 배려해야 한다. 환경적인 요소는 따뜻하고 고요한 분위기 조성을 위해 관리실 내부의 온도를 조절하고, 조명은 간접조명으로 준비한다. 심리적인 요소로는 전문적인 지식과 기술 향상으로 확신성, 신뢰성을 심어주고 고객이 편안하게 말할 수 있도록 분위기를 조성하고 배려하는 것이 중요하다.

① 고객의 예약상태를 확인 사전알림(문자, 전화)으로 예약을 확인한다.(고객의 요청에 의해 실시하지 않을수 있다.)

② 고객의 관리 프로그램에대해 이해한다.

③ 고객의 전(前) 관리프로그램에 대한 이해와 필요사항을 숙지한다.

④ 고객 사용룸 정리상태를 확인한다.(조명, 향, 음향의 기준상태유지)

⑤ 고객의 사용물품을 사전준비한다.(아래의 피부관리 물품 준비요소 참조)

⑥ 관리사는 고객응대와 관리프로그램진행시 긍정적 적극적 응대와 경어사용을 필수로 한다.

⑦ 관리 프로그램 시행 전 단정하고 위생적인 상태임을 유지한다.

⑧ 관리사는 따뜻한 마음 따뜻한 미소, 따뜻한 손의 상태를 유지한다.

⑨ 관리사는 전문적 지식을 바탕으로 고객에게 신뢰감을 줄수있도록 노력한다.

⑩ 관리사는 친절한 서비스 정신과 전문적 자신감으로 관리에 임한다.

⑪ 관리의 시작과 다음관리고객과 관리자를 위해 마무리까지에 충실히 임한다.

(3) 일반적 주의사항

관리를 하기 전에 반드시 고객 차트를 통해 신체의 전반적인 상황을 체크하는 것이 매우 중요하다. 만약 질병이 있는 경우에는 전문의와 상담 후에 관리를 해도 되는지 결정 하는 것이 바람직하다.

① 관리 내용을 정확하게 이해한다. 관리를 시작하기 전에 고객의 목적, 관리방법, 기타 요소 등을 충분히 파악하여야 한다. 만일 조금이라도 의심나는 곳이나 잘 모르는 것이 있을 때는 상위 관리자와 의논한다.

② 관리실과 사용하는 모든 기기 및 제품은 항상 청결하고 위생적이어야 한다.

③ 관리하기 전에 반드시 유니폼을 착용하고 관리실 청결 상태를 확인하고, 필요한 기기 및 제품은 깨끗하게 세척하여 준비해둬야 한다.

⑤ 관리 매뉴얼에 따라 관리를 수행하여야 한다. 매뉴얼 관리 순서에 따라 바르게 실습하여 항상 고객에게 신뢰감을 주어야 한다.

⑥ 항상 안전에 유의하여야 한다. 관리실에서는 아무리 바빠도 뛰어 다니거나 떠들지 말아야 하며, 뜨거운 기기는 충분히 시간을 주어 식히도록 하고 항상 안전에 유의하여야 한다.

⑦ 관리 전 제품은 재확인하고 오염되지 않도록 하여야 한다.

⑧ 관리 후 뒤처리를 깨끗이 한다. 관리가 끝나면 사용하였던 기기는 깨끗하게 세척하여 지정된 장소에 두도록 하고, 제품은 청결하게 정리하여 제자리에 정돈해 두도록 한다.

3. 피부 관리물품 준비요소

(1) 고객 관리프로그램 준비

① 룸 상태

전(煎) 프로그램에 사용하였던 상태의 기준상태를 확인한다.(조명, 향, 음향 등)

조명, 향, 음향, 룸의 온도상태는 고객 입실 후 고객요청 에의해 준비한다.

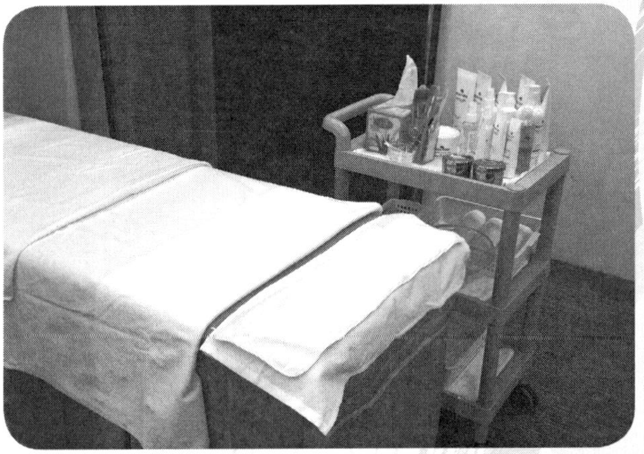

② 고객 사용공간확인

· 샤워실 : 고객사용 필요물품과 샤워실 온도를 체크한다.

· 탈의실 : 고객사용 전신가운, 미용가운, 슬리퍼, 고객사용물품(남,여 1회용 팬티와 위생용품) 등을

체크한다.

· 파우더룸 : 머리빗,드라이기, 기초메이크업제, 프스레이 물, 티슈, 화장솜과 면봉, 손타올 등을 체크한다.

· 화장실 : 위생상태와 휴지 1회용 위생품 ,깨끗한 쓰레기통 등을 체크한다.

③ 베드

· 베드의 위생상태확인(고객 사용물품은 1회사용후 세척 /수거하도록 한다.)

· 고객의 건강상태와 요청상태에 의한 온도조절체크 및 베드상태(높낮이/각도)확인

· 관리 프로그램에 따라 베드준비사항을 맞춘다.(예: 전신팩 관리시 1회용전신필름을 준비한다.)

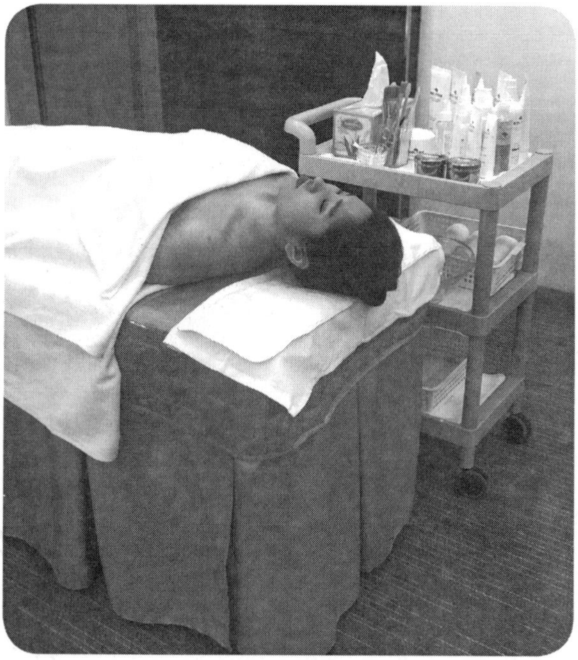

(2) 관리사 필요준비

1) 트레이(tray) 준비

프로그램에 필요한 제품 및 필요 물품을 위생적으로 준비한다.

관리 프로그램에 필요한 마사지툴(스톤, 뱀브 등)의 보관 위생상태를 확인후 준비한다.

화장솜	적당한 크기(3~5cm)의 화장솜을 물에 담가 건져낸 후, 손등에 놓고 다른 한 손으로 눌러 물기가 거의 없이 짜준다. 얇게 슬라이스하여 격자로 화장솜 통에 담아둔다.
해면	물에 담가 건져낸 후, 관리 시 물이 흐르지 않을 정도로 가볍게 짜준다. 바구니(小)에 관리 시 필요한 개수만큼 나란히 담아 놓는다.
습포	미리 접어서(세로 1, 가로 3) 물에 담아 건져낸 후, 관리 시 물이 흐르지 않을 정도로 가볍게 짜준다. 관리 시작 최소 30분 전까지 온장고에 나란히 넣어둔다.
거즈	적당한 크기(3~5cm)로 잘라서 준비한다.(마른 거즈, 젖은거즈)

- 트레이(tray) 1단

① 소독 스프레이 : 알코올 70~80%로 간단한 소독용으로 사용한다.

② 피부미용관리에 필요한 제품 : 포인트 메이크업 리무버, 클렌징, 딥 클렌징, 마

사지 크림or 오일, 팩, 제형(고무, 석고)마스크, 토너, 에센스, 크림, 아이크림, 립크림, 선크림 등

③ 눈썹정리 용품 : 가위, 족집게등을 보관 컵에 넣어 둔 후 눈썹 수정 시 사용한다.

④ 면봉 & 작은 유리컵 : 면봉을 작은 컵에 담아 둔 후, 아이 메이크업 제거 시 사용한다.

⑤ 미용 티슈 : 페이셜 전용티슈

⑥ 보관 컵 : 팩 브러시, 스파츌라 등 집기류를 담아둔다.

⑦ 스파츌라 : 페이셜/바디전용 대, 소의 스파츌라를 보관 통에 넣어 둔 후, 제품 등을 덜거나 도포시 사용한다.

⑧ 유리볼 : 관리제품을 위생적으로 사용하기위해 준비한다.

⑨ 정수와 정제수 용기 : 사용팩제에 맞는 온도와 형태의 물을 담아 놓는다.

⑩ 팩 브러시 : 크림타입 제품도포시 사용을 위해 준비해 놓는다.

⑪ 화장솜 & 화장솜통 : 소독한 용기에 마른 화장솜과, 젖은 화장솜을 담아놓는다.

• **트레이(tray) 2단**

① 바구니(中) : 냉 습포를 담아 놓은 후 마무리 단계에서 사용한다.

② 바구니(小) : 준비한 해면을 담아 놓은 후 관리 단계마다 제품 등을 닦아내는데 사용한다.

③ 해면볼 : 해면사용전 적셔 사용할수 있도록 따뜻한 물을 담아 준비한다.

• **트레이(tray) 3단**

① 바구니(中) : 관리 중 사용한 습포와 해면을 담아 놓는다.

② 바구니(小) : 관리 중 사용한 면봉, 솜등을 버린다.

- **온장고**

① 필요 습포개수 및 준비상태 사전 확인 및 온장고 온도체크

② 온장고의 온습포는 얼굴관리, 부분바디관리, 발관리 용으로 색이나 크기를 다르게하여 준비한다.

- **냉장고**

① 팩제 제거시 필요한 냉습포의 상태와 개수를 확인한다.

② 젖은 사용물품(젖은 화장솜, 절단거즈, 진정팩제 등) 보관을 확인한다.

4. 피부분석 및 유형별 관리방법

(1) 피부분석

고객은 자신의 피부가 어떤 유형이고, 어떻게 가꾸어야 한다는 것을 궁금해 하기 때문에 각각 피부 유형별에 따른 알맞은 관리를 선택하여 수행하여야 한다. 피부미용 관리를 수행하기 전에 효과적인 관리를 위하여 먼저 고객의 피부 분석을 통해 고객의 피부를 전체적으로 정확하게 파악하고 평가하는 과정으로서 피부미용사가 해야 될 가장 중요하고도 어려운 과정이다.

피부의 유형을 파악하기 위해서 문진과 견진, 촉진 등의 일반적인 방법이 사용되며, 피부자체의 분석을 위해서 유 · 수분 측정기, pH 측정기, 스킨 스캐너, 우드램프 등의 분석기기가 활용된다.

• 일반 분석

1) 문진(차트 작성)

관리전 고객에게 질문한 답변에 의해 자료를 얻어서 관리전 판독하는 방법으로 질문을 통하여 고객의 피부 유형과 현재 상태와의 관련성을 진단할 수 있다.

문진 사항은 고객의 연령, 성별, 직업, 과거의 병력과 현재의 질환, 알레르기 유무, 사용하고 있는 약제, 현재 사용하고 있는 화장품, 스트레스 유무와 홈케어, 생활습관과 식생활 주거/직장의 환경 유무를 작성할수 있도록 챠트를 준비한다.

2) 견진

관리시 안면 클렌징후 육안으로 직접 보거나 확대경, 우드램프 등을 통하여 피부를 판독하는 방법을 말한다. 견진은 피부의 유 · 수분 함유상태와 조직상태, 피부의 투명도, 각질의 상태 피부질환등의 상태를 확인하여 체크한다.

3) 촉진

관리부위에 손이나 기구 등으로 만져보거나 눌러봄으로써 피부를 판독하는 방법으로 피부 상태를 알 수 있다. 촉진으로 피부의 예민정도, 탄력성, 피부조직의 두께, 피부결 등을 알 수 있다. 촉진을 통해 알게 된 내용은 관리시 고려한다.

• 기기 분석

1) 확대경

확대경을 통해 피부의 조직도 및 문제성피부의 상태를 좀더 세밀히 알아볼수 있다. 예민피부의 정도와 여드름피부의 압출시 사용하면 효과적이다. 확대경 사용시 확대경 불빛으로 인한 시력을 보호하기 위해 화장솜으로 고객의 눈을 보호하여준 후 사용한다.

- **사용방법**
  - · 얼굴 화장을 클렌징한후 사용한다.
  - · 클렌징후 아이패드(ete pad)를 눈에 올려 놓는다.
  - · 진단하고자 하는부위에 적당한 거리를 두고 진단한다.

2) 우드램프

자외선램프를통해 육안으로보기 힘든 모공, 피지 색소침착, 트러블, 민감도 등의 피부상태를 서로 다른 색깔로 표시되어 보여줌으로 피부상태를 좀더 표면적으로 보여줄 수 있다. 우드램프 사용으로 고객의 현재 피부상태를 상호 관찰하여 진단하고, 상담함으로써 고객의 이해도를 돕는데도 도움이 된다.

우드램프로 보는 피부진단법

피부상태	우드램프의 색상
각질	흰색
피지, 여드름	주황색
색소침착	암갈색
비립종	노란색
먼지, 이물질	흰색 형광색
정상 피부	푸른빛의 흰색 형광, 청백색
지성 피부	오렌지, 분홍색
건성 피부	연보라색
민감성 피부	진보라색
노화 피부	암적색

- **사용방법**
  - · 측정 환경의 조명은 어둡게 한다.
  - · 안면을 깨끗하게 클렌징 한 후 사용한다.
  - · 사용 전 아이페드(eye pad)를 눈에 올려놓는다.

· 우드램프가 안면에 가깝게 닿지 않도록 주의하고 촬영을 통해 피부상태를 찍어놓는다.
· 자외선램프를 통하여 나타나는 안면 부위별 색상에 따라 피부 상태를 파악한다.

3) 유분 측정기

유분 측정기를 통해 피부의 유분함유량을 측정하기 위한 기기이다. 측정 헤드 부분에 묻은 피부에 빛을 통화시켜 광도를 측정하여 측정부위의 정확한 유분함유량을 측정할 수 있다. 정확한 측정을 위해 실내온도와 습도를 적정히 맞추어 측정하는 것이 정확성을 높여준다.

▪ 사용방법

· 측정할 부위를 클렌징 하여 준다.
· 표준화된 상태에서 측정을 시작한다.
· 측정 부위에 기기헤드 부분을 대고 30초 간 눌러준다.
· 화면에 수치로 나타난 유분량(mg/㎠)을 통하여 피부 1㎠당 유분량을 확인한다.

4) 수분 측정기

수분 측정기를 이용 피부 표면의 수분함유량을 측정하는 기기이다. 측정은 기기에 부착된 탐침을 측정 부위에 눌러주면 피부 수분량 이 화면에 표시된다. 정확한 측정을 위해 실내 온도 와 습도를 적정히 맞추어주는 것이 정확성 을 높여준다.

5) 피부 pH측정기

피부의 pH를 분석해 주는 기기이다. 측정 부위의 산성도와 알칼리도를 분석하여 피부의 예민도를 측정할 수 있다. 측정은 탐침을 증류수에 씻은 후 물기를 적당히 제거한

후 측정 부위에 탐침을 눌러 접촉시키면 화면에 pH수치가 표시된다.

① 피부의 pH

피부의 pH란 땀과 피지가 혼합되어 피지를 덮고 있는 막의 pH를 말한다. 피부의 pH는 각질층에 존재하는 천연보습인자이다. 아미노산, 젖산염, 무기염 등이 피지선과 땀샘에서 분비되는 세포간 지질 성분과 땀이 혼합되어 pH 4.5~5.5 정도의 일정한 상태를 유지하고 있다. 피부의 이상적인 pH는 4.9~7.4이며, 얼굴의 이상적인 pH는 5.2~5.8 정도이다. 이것은 성별, 인종에 따라 달라진다.

피부의 산성막은 미생물의 증식을 막아 자극이나 감염으로부터 보호를 해준다. 피부의 산성도는 성인 남성의 경우 여성보다 낮고, 표피 부분이 진피 부분에 비해 더 산성을 나타낸다. 또한 지성피부가 건성피부보다 낮고, 어린이나 노인의 피부에 비해 신진대사가 왕성한 20대~30대의 피부가 더 산성이다.

② 피부의 pH의 역할

피부의 pH는 피부의 수분 손실(증발)을 방지하고, 외부의 수분 변화에 민감하지 않는다. 또한 약산성으로 세균으로부터 피부를 보호한다. 피부가 알칼리성으로 기울면 저항력이 약해진다.

(2) 피부유형별 특징

피부 유형은 기후나 계절 등의 외부 환경과 건강, 수면, 스트레스, 영향상태 등에 의해 변화 할 수 있으며, 보습 상태에 따라 일반건성, 표피건성, 진피건성으로 나눌 수 있고, 각화의 상태와 피지 분비량도 따라 정상피부, 지성피부, 건성피부, 복합성 피부로 나눌 수 있다.

1) 정상피부

유 · 수분이 적절한 조화를 이룬 가장 이상적인 피부이다. 각질의 수분도가 10~15%이며, 피부색이 정상이고, 땀샘과 피지선의 기능이 정상이다. 각질층의 상태도 좋고, 피부트러블이나 잡티, 색소침착도 없어 피부결이 좋다. 또한, 모공이 미세하고, 탄력이 좋고, 표피의 신진대사가 원활하여 촉촉하고 부드러우며 윤기가 흐른다.

2) 지성피부

주로 젊은층이나 남성에게 많은 피부로 피지막이 두껍게 형성되어 번들거리고, 여드름(acne)이 있으며 수분도는 10% 이하이다. 부분적으로 면포(comedo)가 육안으로 보이며, 피부 표면의 모공이 넓고, 피부조직이 두꺼워 굵은 주름도 있다. 피부색의 명도가 낮아 칙칙하며 트러블이 쉽게 생긴다. 피지의 과다 분비로 각질층의 피부가 두껍고 피부결이 거칠다. 피부가 유분이 겉돌아 화장이 잘 지워지며, 외부 자극의 저항력이 떨어진다.

3) 건성피부

피지선과 땀샘의 기능 저하로 피부 표면에 피지량이 적고, 수분량이 감소되어 탄력이 없고 갈라지거나 트게 된다. 피부 각질의 수분도가 10%이하이다. 부분적으로 각질이나 비듬이 자주 일어난다. 모공이 작아 거의 보이지 않아 피부가 섬세하나 잔주름이 쉽게 생길 수 있고, 각질이 육안으로 하얗게 보여 피부가 매우 거칠다. 세안 후 심하게 당기며, 피부의 유연성이 부족하다. 외부 자극에 손상을 받기 쉬워 민감성 피부나 모세혈관 확장 피부로 전환되기 쉽다.

4) 복합성피부

두 가지 이상의 피부 성질이 나타나는 유형으로 T-존과 U-존의 피지 분비량의 균형이 깨져서 나타난다. 거의 대부분의 사람이 복합성 피부이며, T-존 부위는 모공이 넓으며, 여드름이나 면포가 잘 생기며, 심하게 번들거린다. U-존 부위는 모공이 작고 매우 건조하여 눈가에 잔주름이 쉽게 생기고, 당기는 현상을 보인다. 하얀 각질과 버짐이 생기는 거칠음 현상 및 잡티가 발생하기 쉽다. 얼굴 전체의 피부 톤이 고르지 못하다.

(3) 피부유형별 관리방법

1) 정상피부

현재의 피부상태를 유지하기 위해 꾸준한 관리를 목적으로 한다. 현재 피부상태가 예민화 되거나 건성피부의 상태로 변할 수 있으니 그 에 대해 사전관리도 잊지 않는다.

피부상태의 관리를 위해 유분과 수분의 발란스를 맞추어주고, 주기적인 각질 제거와 영양공급 등 의 홈케어에 신경쓴다.

식생활과 생활환경등에 신경써 기존의 상태를 유지하며, 노화예방을 위한 탄력관리에도 신경쓴다. 피부노화를 촉진하는 과한 물리적 사극과 알칼리 제제의 사용 즉 비누사용으로 인한 피부변화를 유의하여준다. 비누 세안을 지나치게 자주 하지 않는다.

2) 지성피부

지성피부는 유분과 피지분비량이 많은 피부로 타입으로 과한 피부에 외부의 오염물질이 피부에 붙기 쉽고 그로인해 피부가 오염되고, 피지막이 막혀 염증이 생기는등 피부트러블 여드름피부가 생길수 있다. 특히 T존 부위는 유분이 더욱 많고 오염노출이 심해 블렉헤드등을 형성하므로 꾸준한 관리를 하여야 한다.

지성피부는 건성과는 반대로 세안후 아무것도 바르지 않아도 당기는 느낌이 없다.피부결이 섬세하지 않고, 화장후에도 피부의 과한 유분감으로 화장이 잘지워지는 것을 느낄수 있다.

이러한 지성피부타입은 피부의 청결을 유지하며 과도한 유분을 관리하여준다. 이중세안을 생활화하며, 딥클린징제를 정기적으로 사용하여 과각질 을 제거하여 준다. 과한 유분에 비해 부족해질수 있는 수분 공급에도 신경쓴다. 주 2회가량 각질제거와 수분팩, 영양팩을 한다. 지성피부타입의 문제성 피부타입(여드름)으로 변할 수 있는 것을 방지하기위해 수렴 화장수, 지성용 제품을 꾸준히 사용하여 준다. 수면부족, 비타민 부족 등의 생활습관을 향상하여 준다.

3) 건성피부

건성피부는 피지의 분비와 수분이 적어 피부표면에 윤기가 없고, 외부자극에도 약한 피부를 말한다. 피지와 땀의 분비량이 적으므로 피부표면이 쉽게 건조해지고 수분이 잘 증발되는 피부이므로 쉽게 주름이 생기고 윤기가 없어 푸석푸석하게 된다.

건성피부타입의 현상으로는 피부에 각질이 잘 일어나고 잔주름이 쉽게 생긴다. 뿐만 아니라 세안을 한후 기초제품을 바르지 않으면 피부가 심하게 당기는 느낌이 든다.

건성 피부는 피부부에 부족한 유수분을 공급해줄 수 있는 보습기능이 좋은 기초제품을 사용하여준다. 과한 알카리제 사용을 억제하고, 수용성 제품을 사용한다.

미온수를 사용하여 피부의 건조를 막아주며 세안 후 빠른 수분공급제품을 사용해준다. 빈번한 각질제거를 하지 않는다. 주 1~2회 수분공급과 영양공급 관리를 한다.

유분감이 많은 제제보다 수용성 제품을 사용하고, 에어컨, 선풍기의 사용은 피부의 건조하게 하는 외적환경으로 사용을 자제하는 것이 좋다. 뿐만 아니라 스트레스, 음주, 흡연은 건성피부를 악화시켜주는 요인이 될 수 있다.

4) 복합성피부

복합성 피부타입은 T-존과 U-존부위의 피부타입이 다름으로 부위에따라 차별화된 관리를 해주어야 한다. 주로 T-존 부위는 지성타입 U-존 부위는 건성타입으로 피부에 맞는 제품을 사용하여준다.

관리시 T-존부위는지성용 팩을, 건조하고 수분이 부족한 U-존 부위는 유.수분이 많은 제품을 사용하여준다.

T-존부위 위주의 주기적인 딥클렌징도 실시한다.

(4) 피부미용 관리순서

1) 일반관리

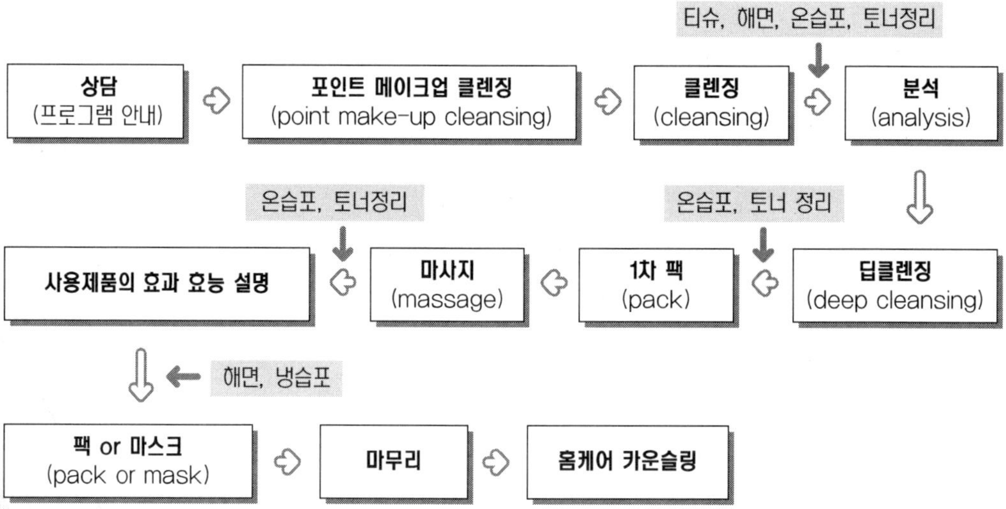

Basic Skin Care for Esthetician

Part 2

실무편

3 Chapter.
피부미용관리의 실무

1. 클렌징(cleansing)

피부의 오염물질을 제거하기 위한 클렌징은 공기중의 미세한 먼지로의 오염, 피부의 분비물, 메이크업의 잔여물을 깨끗하게 제거하여 피부를 청결한 상태로 유지시키기 위한 단계이다.

클렌징은 피부의 오염물질을 제거해줄뿐 아니라 오염물질제거로 피부의 위햏을 유지하도록하며 혈액순환 촉진효과를 볼 수 있고또한 심리적 청량감을 줄수 있다.

클렌징은 피부관리시 가장먼저 시행되는 과정으로 포인트 메이크업 클렌징 안면 클레징 마무리로 진행되면 클렌징 마무리후 이루어지는 피부판독으로 피부관리의 또다른 시작점이 된다.

클렌징 전 메이크업이 되어있는 상태에서의 육안으로 보여지는 피부상태로 클렌징제의 유형을 선택하여 크림, 오일, 워터타입등으로 클렌징 할수 있다.

(1) 포인트 클렌징 (point cleansing)

안면 클렌징 전단계로 눈과 입술의 화장을 제거하는 과정이다.

안면클렌징제의 4.5~5.5의 ph와는 다르게 눈의 자극을 최소화하기위해 7.0~7.2의 ph 로 되어있다.

포인트 메이크업의 제거는 눈과 입술중 진한 부위의 화장을 나중에 제거하는 것이 용이하다.

입술과 눈가는 다른 피부에 비해 민감할수 있으므로 제품선택시 메이크업의 정도와 피부타입에 맞게 젤타입 오일타입중 선택하여 클렌징 하는 것이 용이하다. 또한 세정방법에 따라 화장솜과 면봉을 사용하여 깨끗하게 노폐물을 제거하여야 한다.

피부의 각질과 노폐물은 유성과 수성의 성분으로 구성되어 있기 때문에 피부 타입에 맞게 유성 제품과 수성 제품을 사용하는 것이 좋다. 유성 타입은 일반적으로 많이 사용되는데 메이크업제제의 제거가 비교적 용이하고, 수성 타입은 유성 타입에 비해 세정력이 떨어지지만 피부에 자극이 적기 때문에 예민한 피부와 화장을 즐겨하지 않는 약한 화장에 사용하면 좋다.

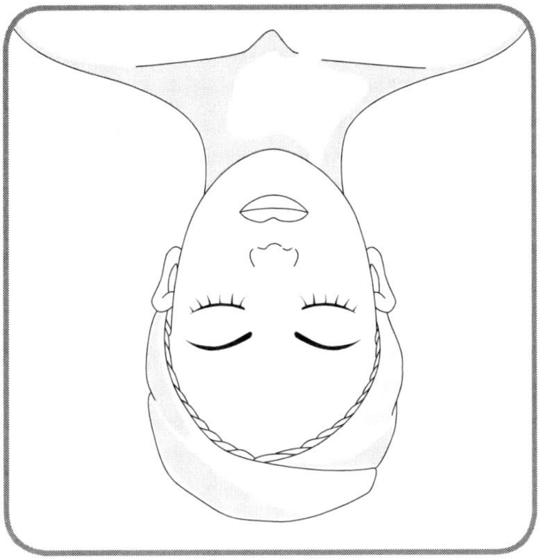

① 준비된 화장솜과 면봉에 포인트 메이크업 리무버를 충분히 도포해 유리볼에 담아놓는다.

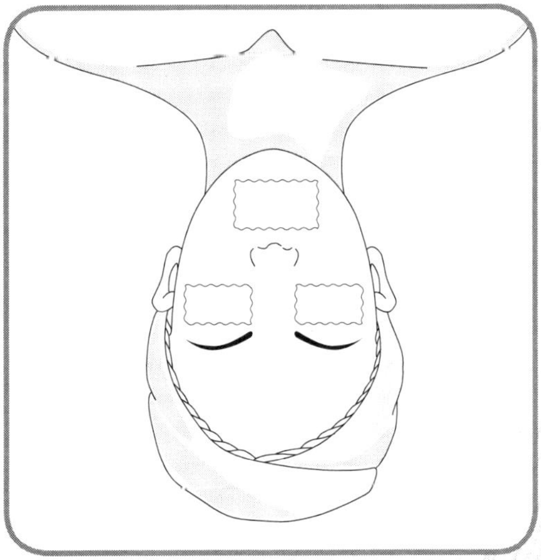

② 준비된 화장솜을 눈과 입술위에 도포한다.

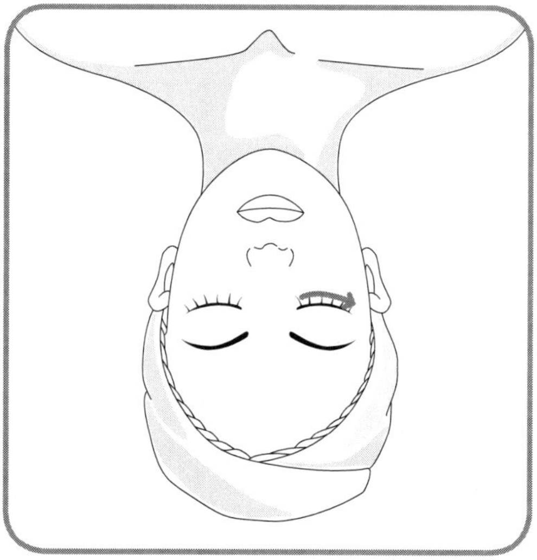

③ 속눈썹 라인 닦아주기

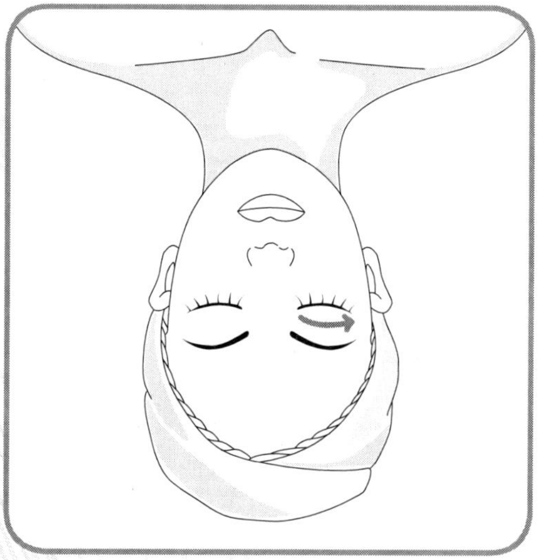

④ 눈 두덩부위 넓게 닦아주기

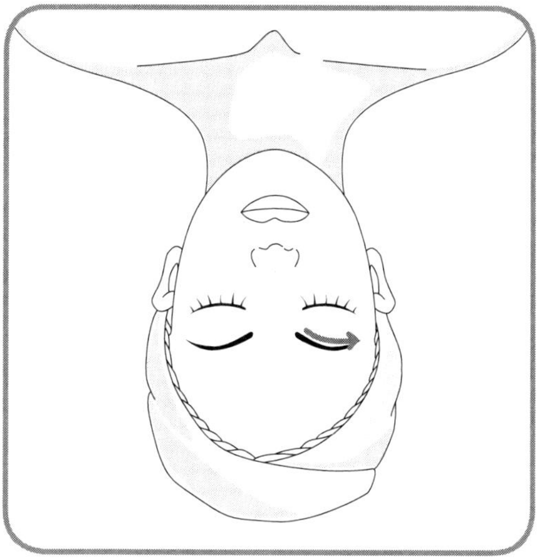

⑤ 눈썹 부위 아이블로우 닦아주기

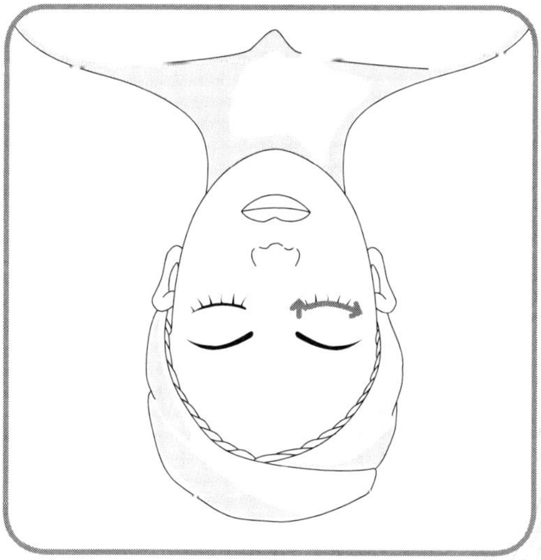

⑥ 화장솜과 면봉을 이용마스카라와 라이너 지우기 i

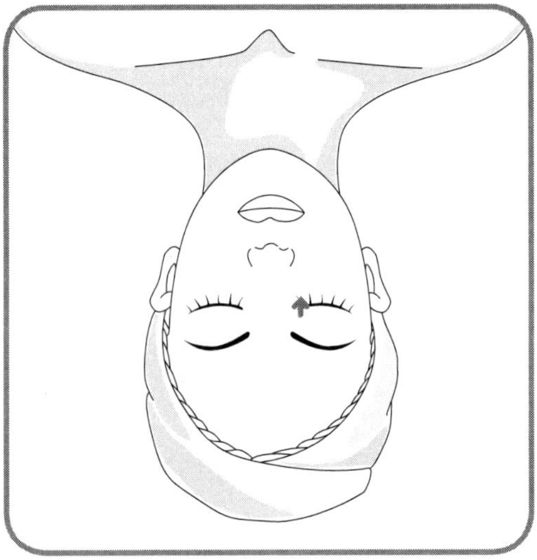

⑦ 면봉을 이용 마스카라 지우기 ii

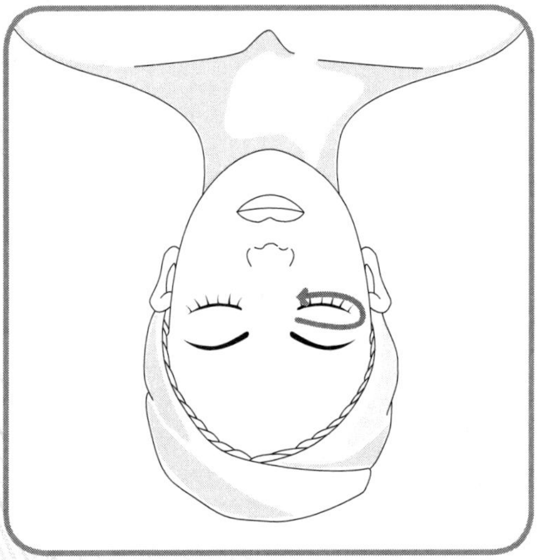

⑧ 화장솜을 이용 라이너와 잔여 지우기 iii

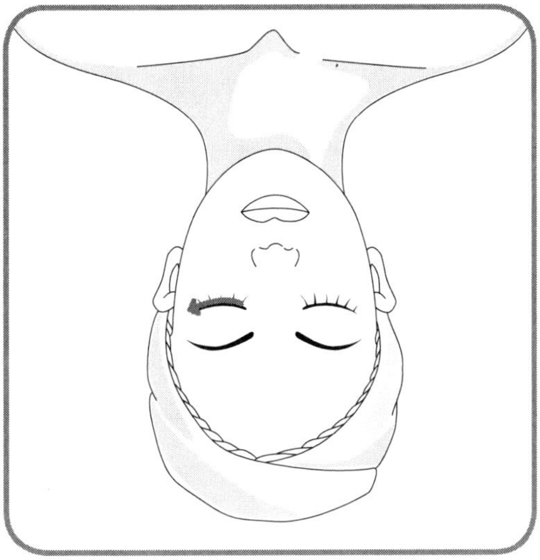

⑨ 반대쪽 속눈썹 라인 닦아주기

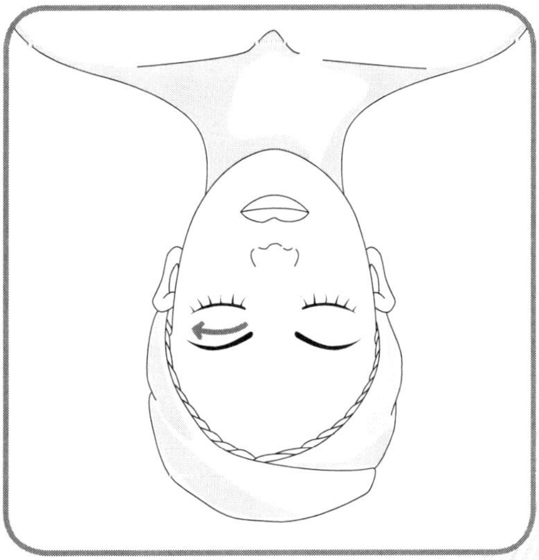

⑩ 반대쪽 눈 두덩부위 넓게 닦아주기

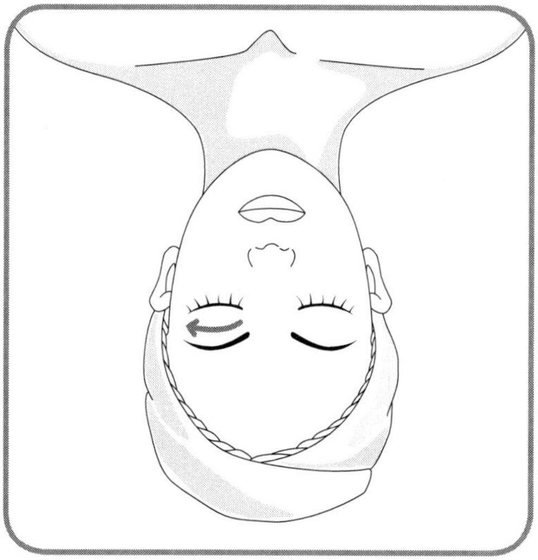

⑪ 눈썹 부위 아이블로우 닦아주기

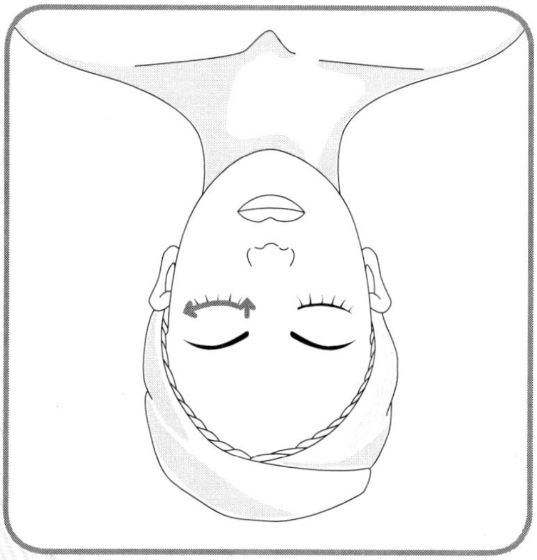

⑫ 화장솜과 면봉을 이용마스카라와 라이너 지우기 i

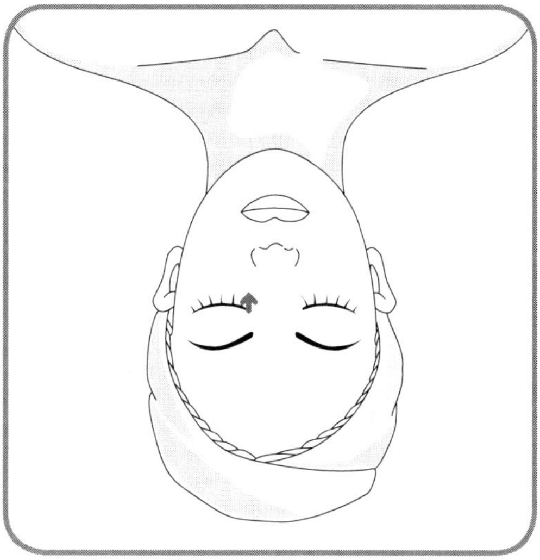

⑬ 면봉을 이용 마스카라 지우기 ii

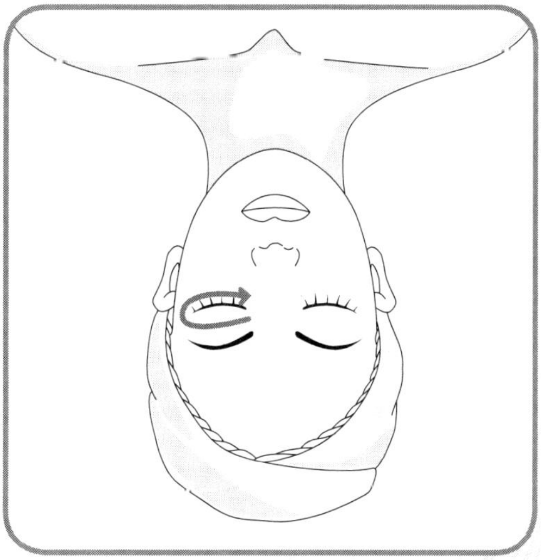

⑭ 화장솜을 이용 라이너와 잔여 지우기 iii

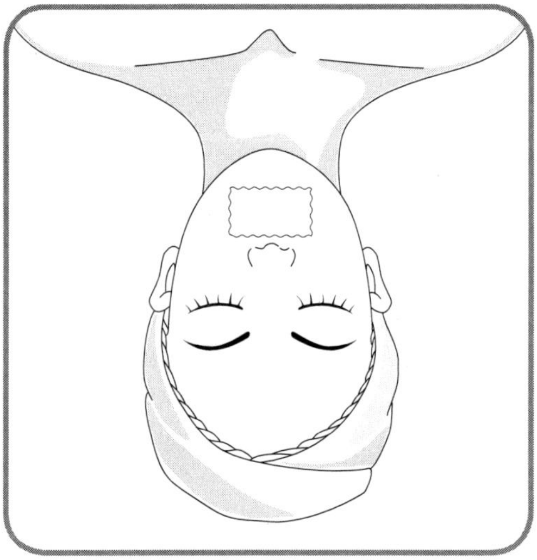

⑯ 입술 화장 닦아주기

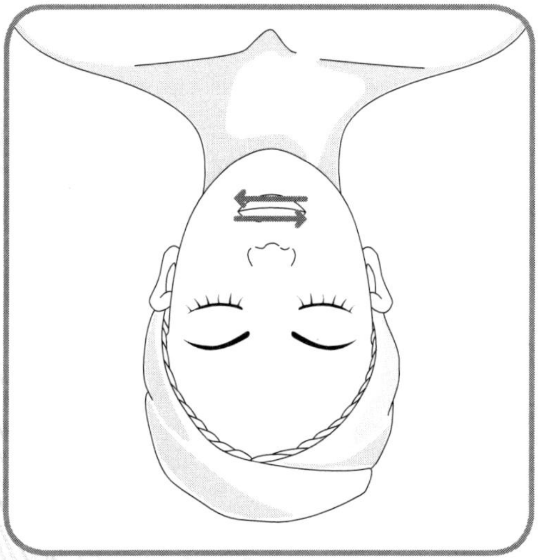

⑰ 입술 화장 횡방향(가로)으로 닦아주기

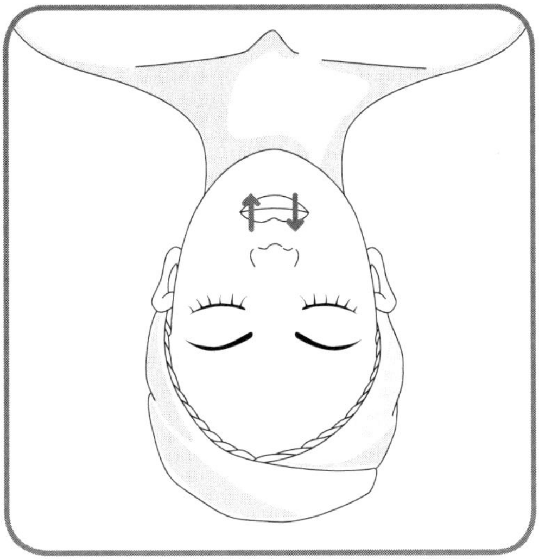

⑱ 입술 화장 종방향(세로)으로 닦아주기

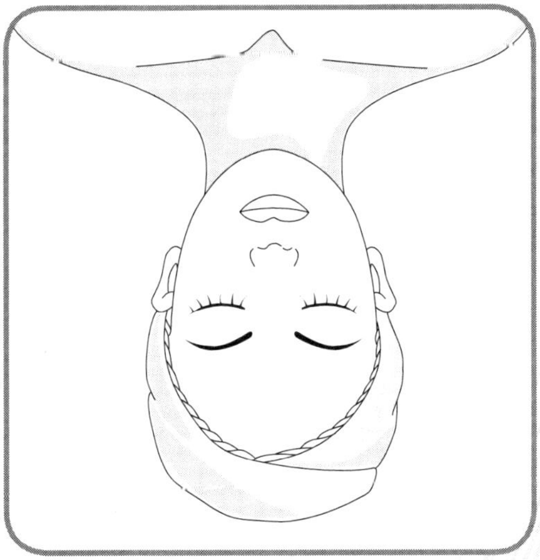

⑲ 입술 잔여물 닦아주기

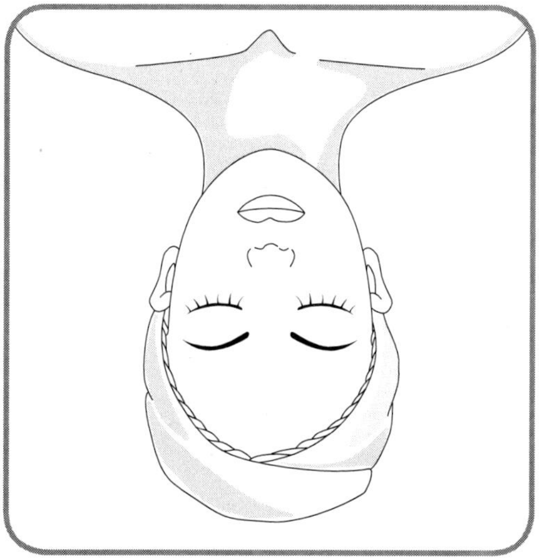

⑳ 입술 마무리 닦아주기

(2) 안면 클렌징

피부에서 분비되는 피지, 땀, 노폐물 및 각질을 제거해주고, 얼굴 화장품 및 기초 메이크업과 색조 메이크업제의 잔여물 등을 제거하여 맑고 고른 피부 톤으로 가꾸어 주는 피부미용관리의 기본이 안면 클렌징 과정이다. 안면 클렌징을 함으로서 피부의 청결과 위생, 청량감등 건강한 피부상태를 유지하게 하며, 혈액 순환 촉진을 시켜주어 피부미용관리의 효율성을 높여준다.

얼굴은 민감한 부분이기 때문에 건성, 중성, 지성, 여드름, 예민 등의 피부 타입에 맞는 제품을 선택하여 신속, 정확하게 클렌징 과정을 진행해야 한다. 특히 꼼꼼히 제거하기 위해 클렌징 제품을 피부에 오래 도포해두거나, 문지르는 것은 피부에 자극을 줄 수 있어 2~3분 내로 마무리 하는 것이 좋다.

1) 클렌징제의 종류

클렌징 제품은 로션, 크림, 오일, 젤, 워터, 폼 등의 타입이 있다.

① 클렌징 로션 : 모든 피부에 사용이 가능한 제품으로 친수성(o/w)물질로 수분함유가 많아 퍼짐이 좋고, 사용 후 산뜻한 느낌으로 피부에 부담이 적다.

② 클렌징 크림 : 유분감이 많은 친유성(w/o) 물질로 세정력이 우수하며, 진한 화장 제거에 용이하다. 건성, 노화 피부에 사용이 용이하며, 건조한 가을이나 겨울에 용이하게 사용된다.

③ 클렌징 오일 : 유분의 함유량이 많아 진한화장과 매트한 화장에 주로 사용하며, 세정력이 우수하고, 건성, 노화, 수분부족의 지성피부에 사용한다.

④ 클렌징 젤 : 세정력의 효과는 다소 약하므로 산난한 메이크업 후 사용하고, 피부의 자극 정도가 적고, 사용 후 산뜻한 사용감으로 민감성, 여드름 피부에 부드럽게 사

용할 수 있다.

⑤ 클렌징 워터 : 화장 수 타입으로 계면활성제와 에탄올을 소량 함유하고 있어, 감촉이 시원하고, 끈적임 없이 자극이 적어 가벼운 화장이나 부분 화장제거에 용이하나 세정력은 낮다.

⑥ 클렌징 폼(버블) : 가장 흔히 쓰는 타입으로 끈적이지 않는 사용감으로 피부에 큰 구애 없이 사용할 수 있어 실용성이 가장 높은 제품이다.

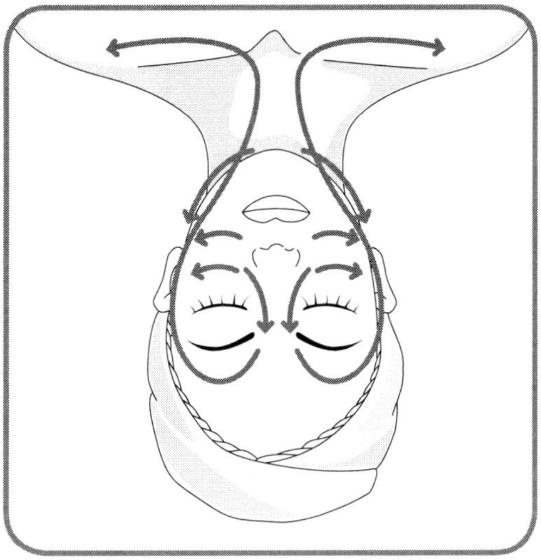

① 제품 도포 : 인중 눈밑 코벽 이마 얼굴 외측 쓸어주기 순으로 데콜테 까지 제품 도포 및 에플라지 한다.

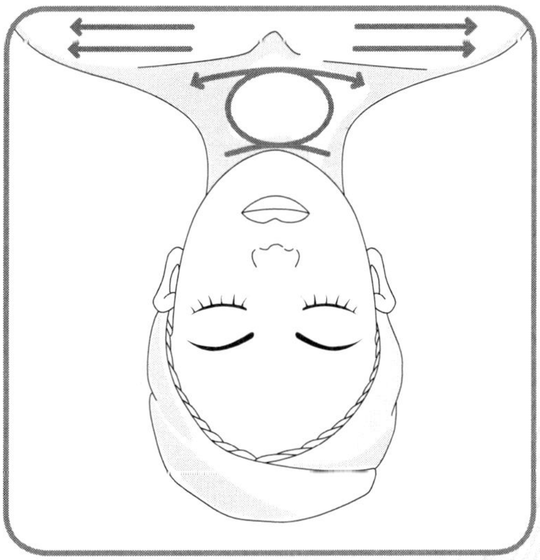

② 가슴 쓸어주기+목 돌리기

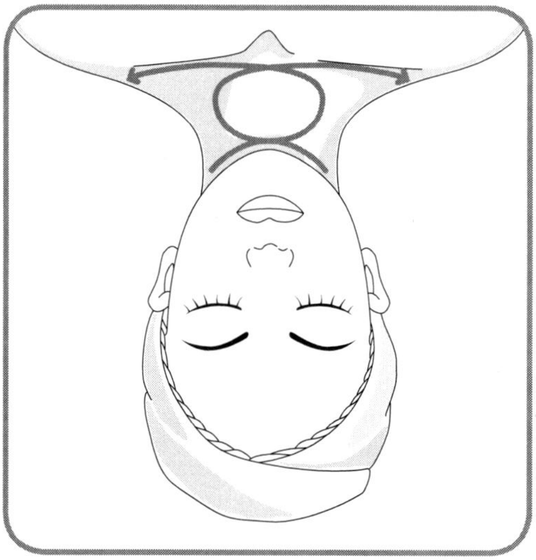

③ 목 쓸어주기 : 양손 번갈아 쇄골 위와 턱선 아래 부분을 쓸어주기 한다.

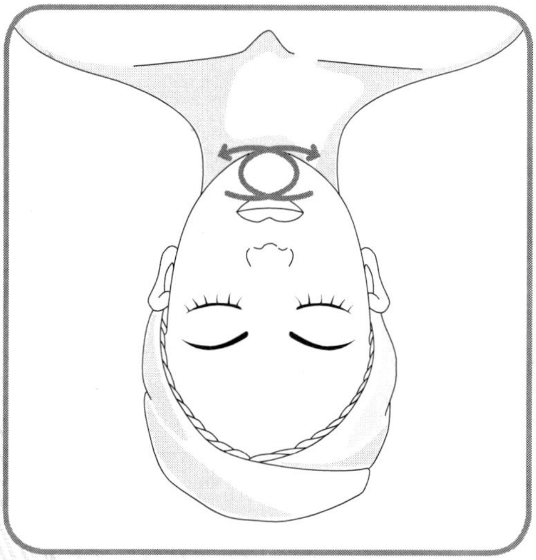

④ 검지 턱선 쓸기 : 검지를 이용 턱선 수영방향 쓸어주기 한다.

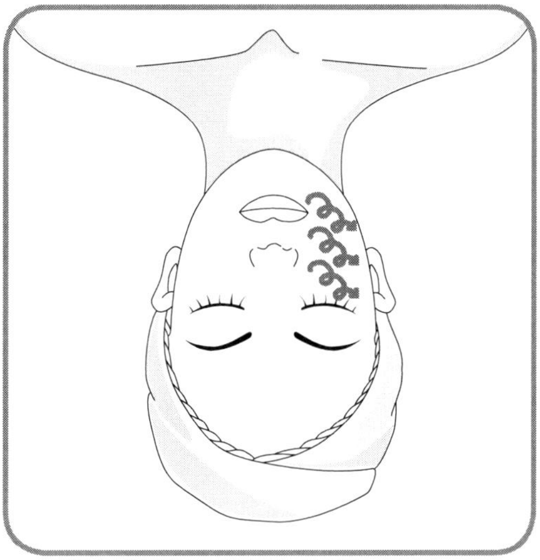

⑤ 볼 3등분 프릭션 : 양 손끝을 이용 볼 3등분 쓸어 주기 한다.

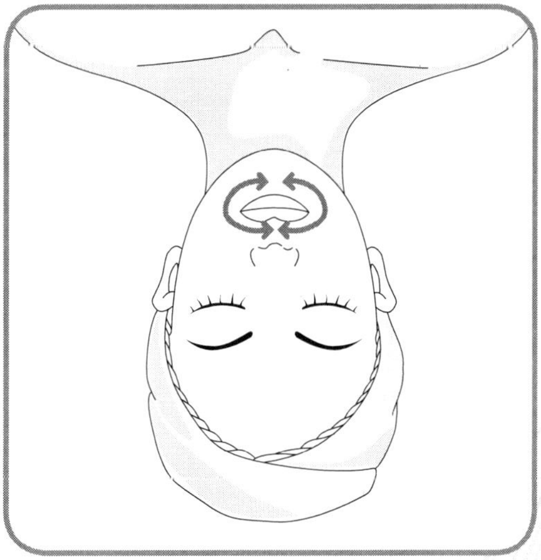

⑥ 검지 인중 쓸기 : 검지를 이용 입술주변 원그리며 인중 쓸어주기 한다.

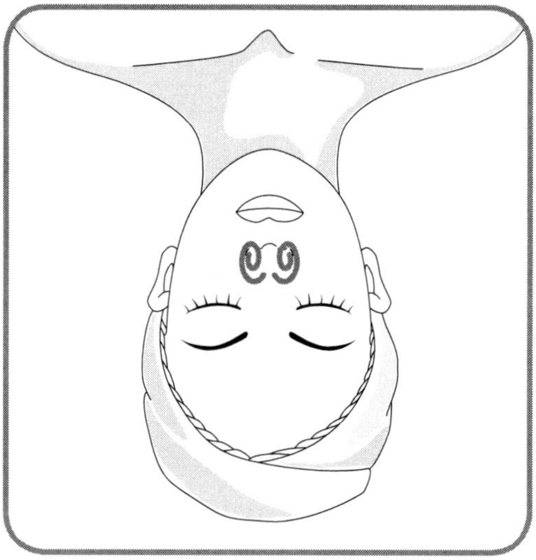

⑦ 코망울 프릭션 : 손끝을 이용 코망울 쓸어주기 한다.

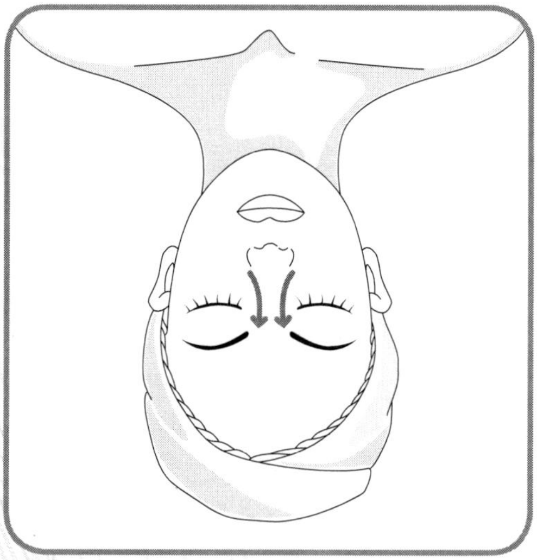

⑧ 코벽 프릭션 : 손끝을 이용 코벽 쓸어주기 한다.

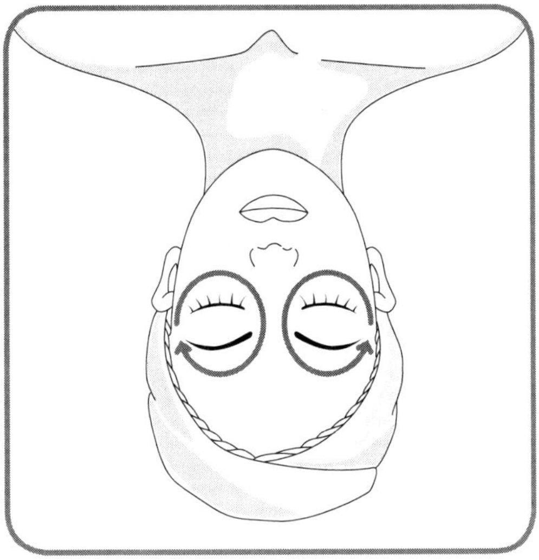

⑨ 눈 쓸기 : 손끝을 이용 눈주변 수영반대방향 쓸어주기 한다. 다.

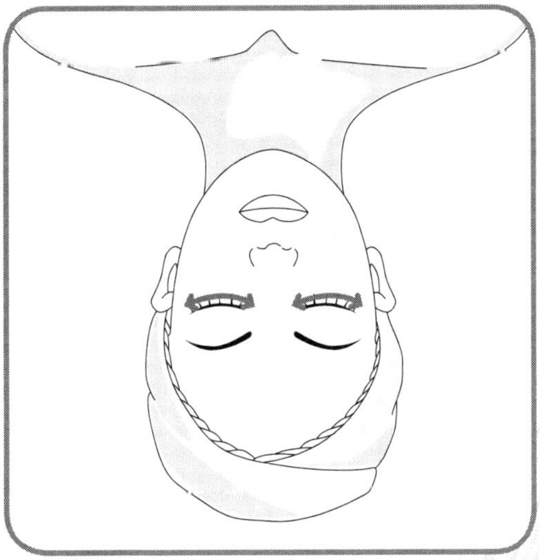

⑩ 눈 밑 쓸기 : 엄지손을 이용 눈밑 내측외측방향으로 쓸어주기 한다.

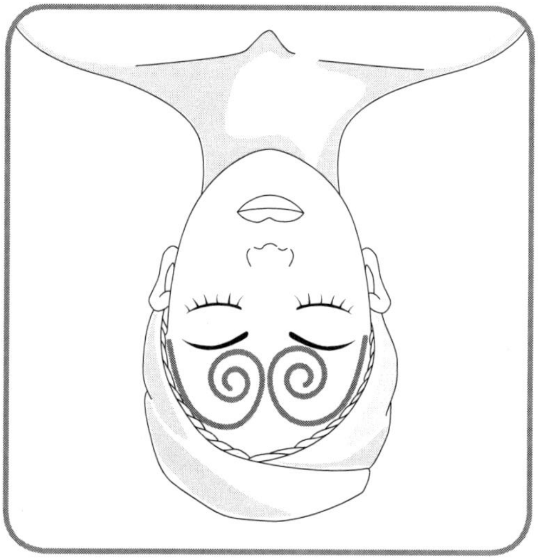

⑪ 한손 이마쓸기 : 한쪽손끝으로 이마 전체 원그리며 쓸어주기 한다. (반대손끝 관자에 고정)

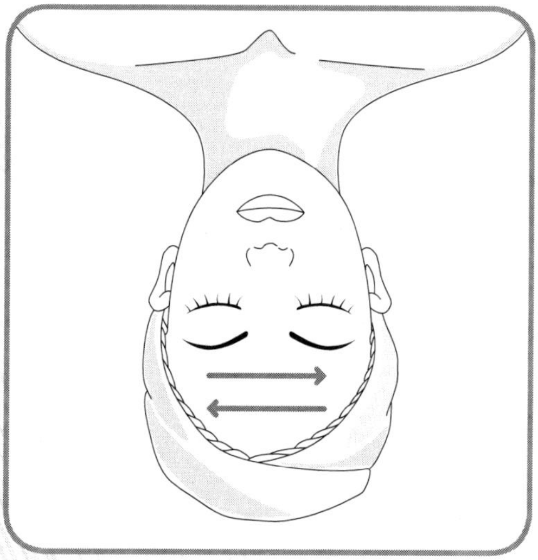

⑫ 양손이마 쓸기 : 양손 번갈아 이마 위쪽방향 쓸어주기 한다.

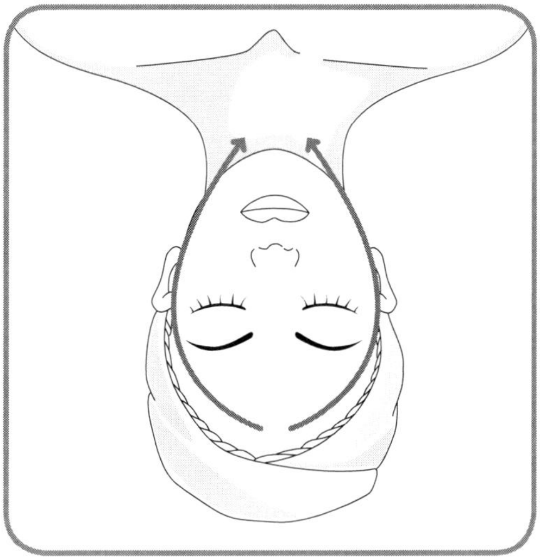

⑬ 에플라지 : 얼굴 쓸어주기 하며 마무리 한다.

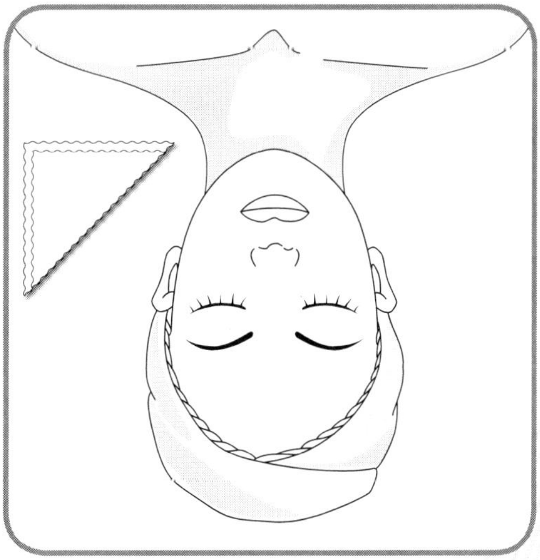

⑭ 티슈를 삼각형(1cm 부족한 모양의 삼각형)으로 접어 준비한다.

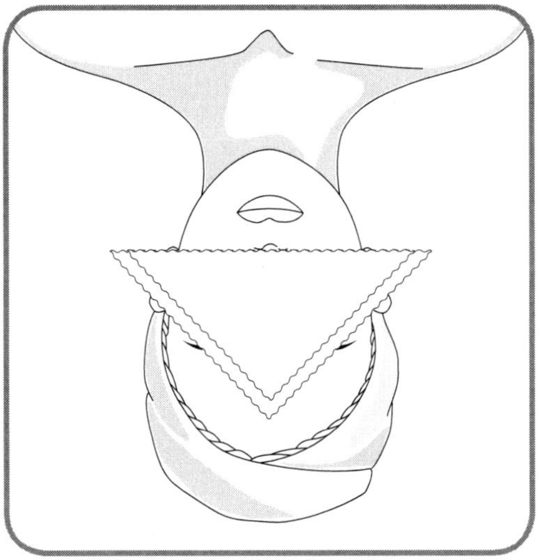

⑮ 얼굴 윗부분 : 코끝을 중심으로 이마방향을 얼굴 윗부분으로 간주

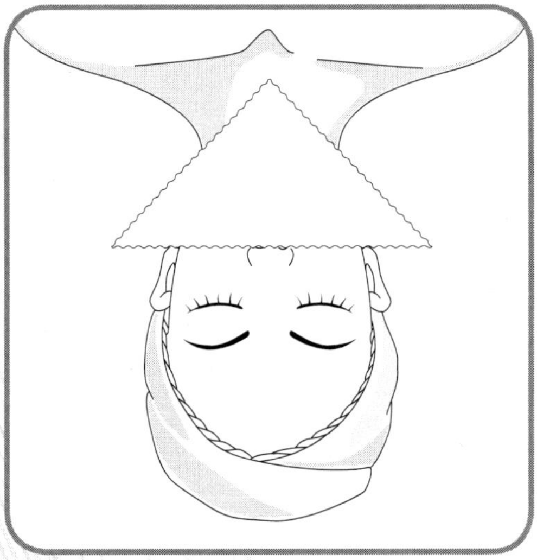

⑯ 얼굴 아랫부분 : 코끝을 중심으로 턱선방향을 얼굴 아랫부분으로 간주

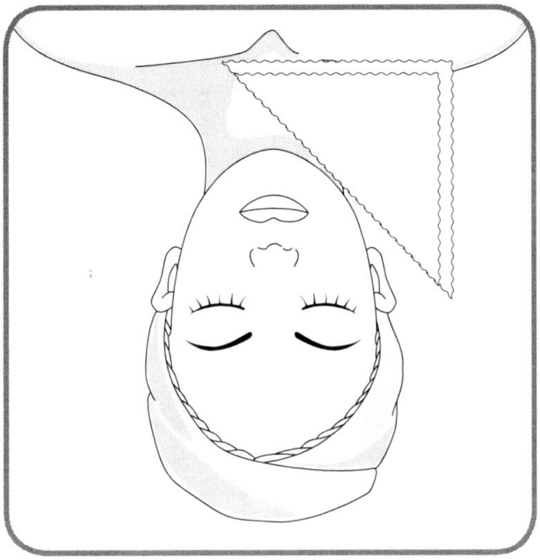

⑰ 목 부분

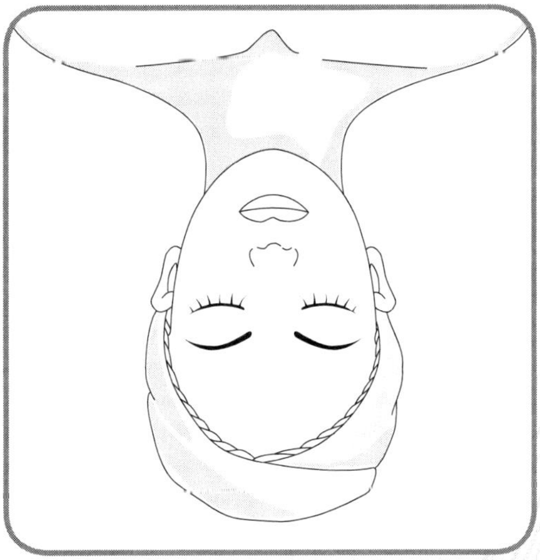

⑱ 안면부분 클렌징제 잔여물 닦아주기

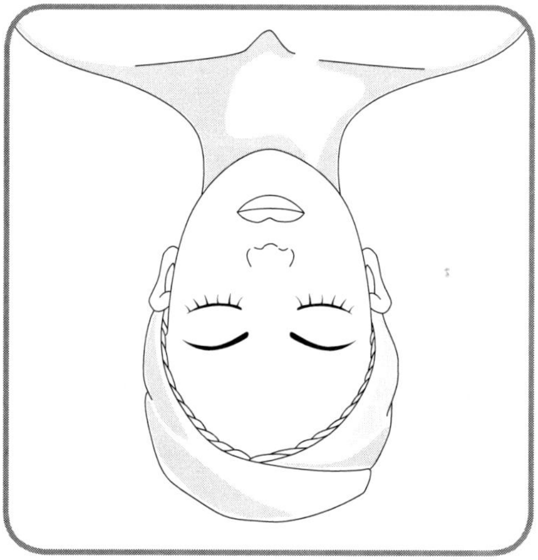

⑲ 목과 테꼴테 잔여물 닦아주며 마무리 한다.

2. 눈썹정리

눈썹의 관리 상태에 따라 얼굴의 이미지가 달라보이기 때문에 눈썹 정리는 간단하면서도 가장 어려운 것 중 하나로 볼 수 있다. 눈썹 정리는 불 필요한 부분을 정리하는 목적도 있지만 각질을 제거해주는 효과도 있다.

■ **준비물**

족집게, 눈썹칼, 눈썹 가위, 화장솜, 티슈, 트레이

■ **사용 순서**

① 준비된 사용도구에 알코올 소독을 하여 트레이위에 티슈를 올리고 그 위에 준비한다.
② 정리한 눈썹에 알코올이 묻은 화장솜으로 도포 정리한다.
③ 눈썹 빗으로 눈썹을 자란방향으로 쓸어준다.
④ 검지와 중지사이에 젖은 화장솜을 꽂아 준비한다.
⑤ 족집게를 이용 눈썹을 뽑아 손가락 사이에 있는 화장솜에 놓는다.
⑥ 남은 잔털을 눈썹칼을 이용 정리한다.
⑦ 눈썹 주변에 진정젤을 발라준다.
⑧ 반대편도 동일 실시한다.

3. 해면과 습포

(1) 해면

사용 제품의 제거에 사용되어지는 해면은 미용해면, 천연해면의 제질적 구분과 얼굴용과 바디용의 부위별로 구별되어진다. 일반적으로는 미용해면을 사용하며, 사용제품의 제거시 해면의 위치를 바꾸어가면 사용하여 노폐물의 재오염을 방지하여준다.

해면은 세척시 중성세제를 이용하여 가볍게 주물러 준후 세재 잔여물이 남지않도록 여러번헹구어준 후 통풍이 잘되는 곳에 보관하거나 자외선 소독기에 살균하여 사용한다.

① 관리시 세척소독하여 준비한 해면은 관리시간동안 겉표면이 마를수 있으므로 사용 마다 따뜻한 해면볼에 적셔가며 사용한다. 노폐물을 제거하는 해면은 신속하고 정확히 한다.

② 관자놀이에서 해면의 느낌을 주며 시작한다.

③ 노폐물 제거사용 해면은 중성세제로 세척하여 보관한다.

④ 해면은 노폐물제거부위를 바꾸어가며 사용하여 피부 노폐물로 재 오염이 이루어지 않도록 한다.

⑤ 해면은 앞 · 뒷면을 고루 돌려가며 사용한다.

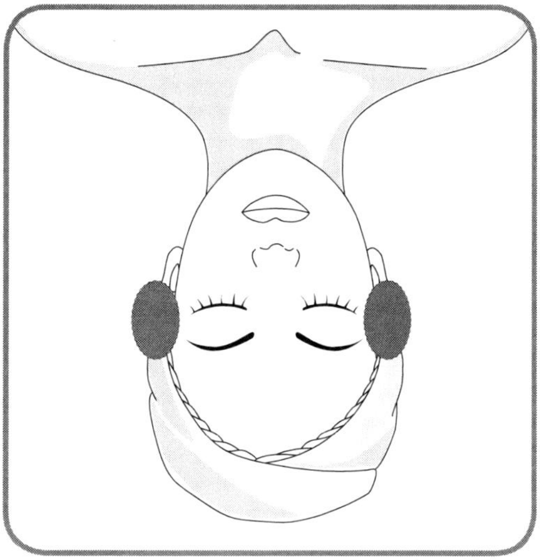

① 관자에 해면 터치

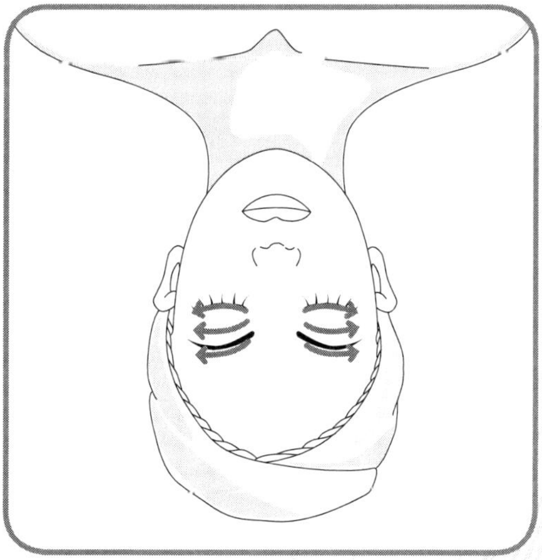

② 눈밑, 눈 두덩이 눈썹닦기

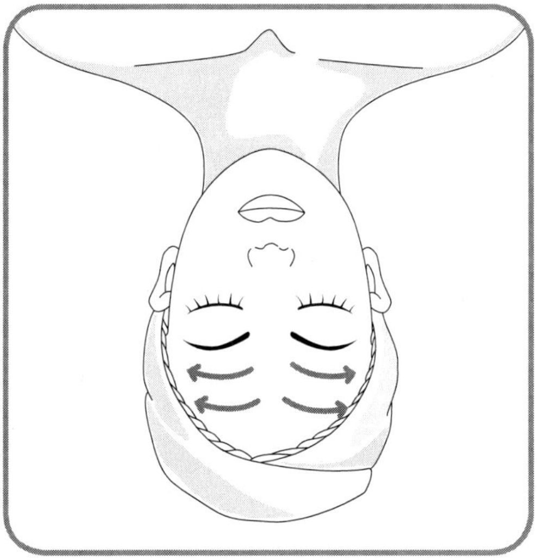

③ 이마 2등분 닦기

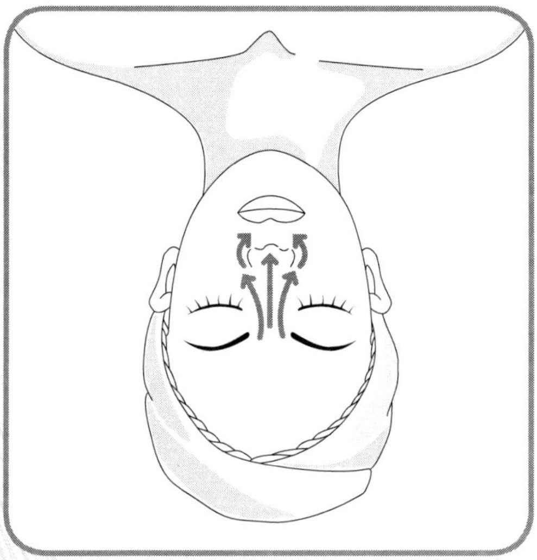

④ 콧대 코벽 코망울

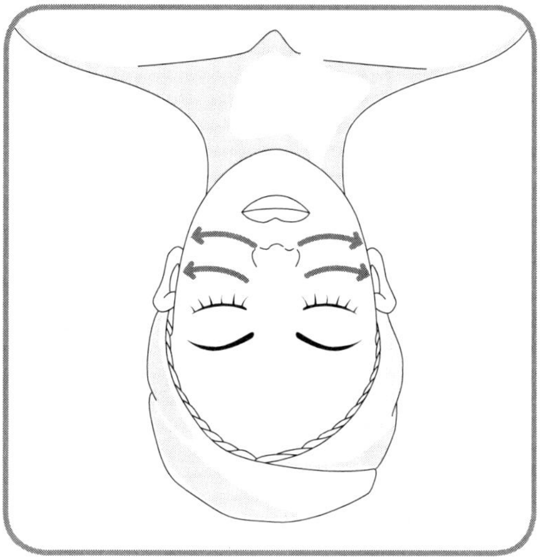

⑤ 볼 2등분 닦기

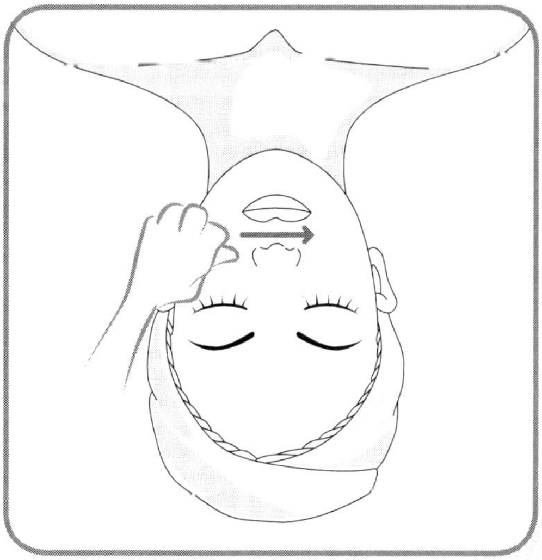

⑥ 왼손 고정 오른손인중닦기

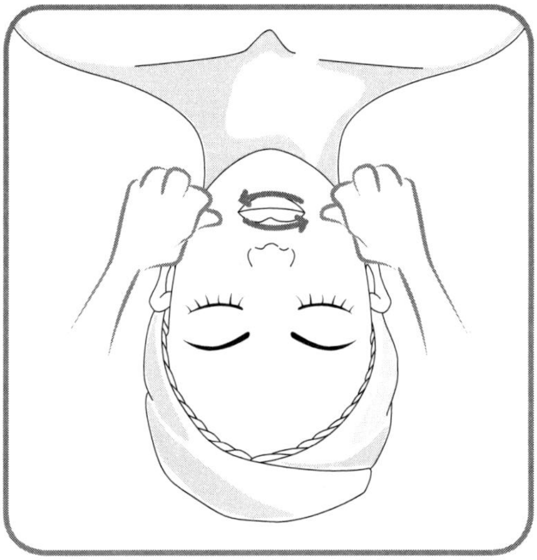

⑦ 왼손 고정 윗입술닦기, 오른손 고정 아랫입술 닦기

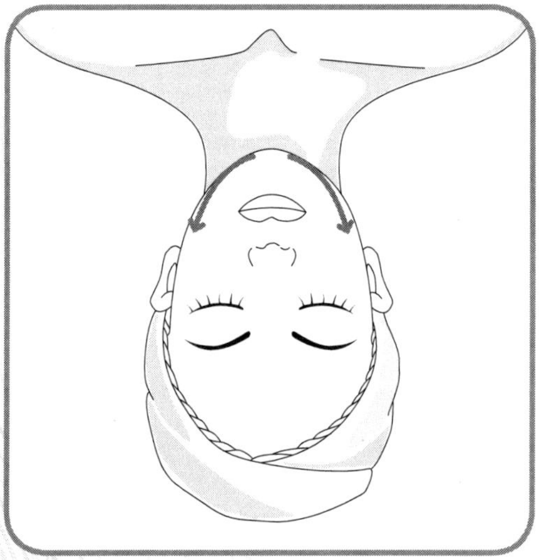

⑧ 턱선 닦기

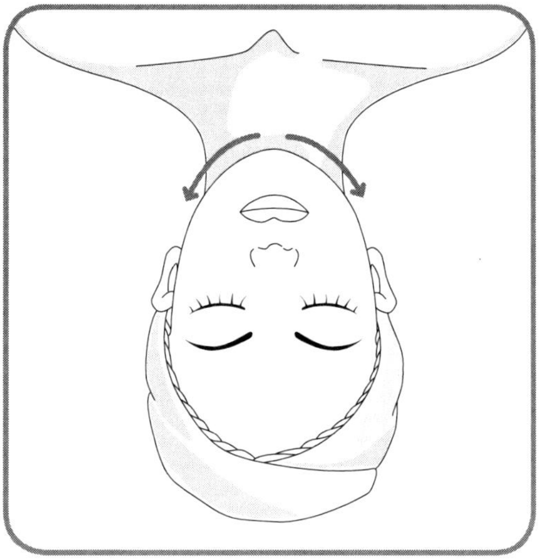

⑨ 양손 턱 아래 닦기

⑩ 목 2등분 닦기

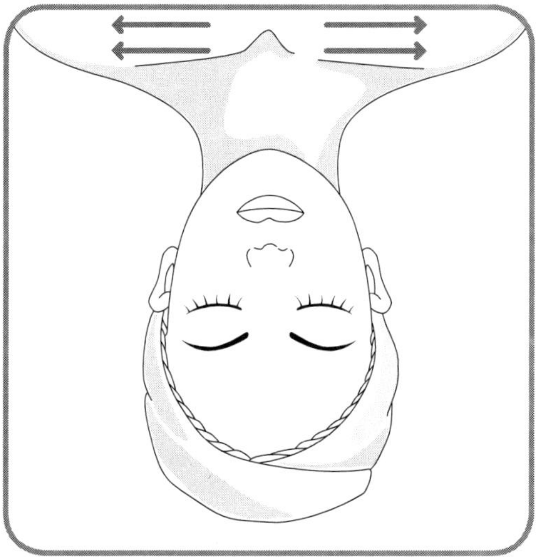

⑪ 테끌테 2등분 닦기

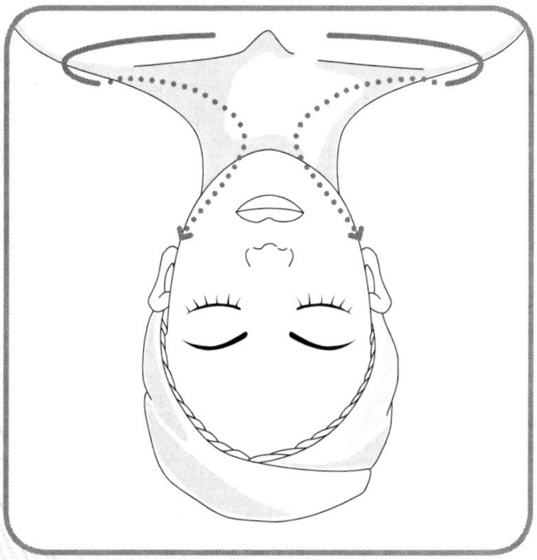

⑫ 테끌테 뒤, 뒷목, 귀 뒤닦기

(2) 일회용 해면

① 일회용 해면(큰 화장솜)은 미리 적셔 준비하지 않고 사용 전에 미온수에 적셔 사용한다.

② 일회용 해면 사용량(4장)을 해면볼에 준비된 미온수에 담갔다 물기를 제거 후 사용한다.

③ 일회용 해면을 사용하여 닦아줄 경우 제거 부위가 바뀔 때마다 새로운 면으로 돌려 사용하여 피부에 재 오염을 방지한다.

④ 해면동작의 시작은 관자에서 해면을 닿게 한 후 시작한다.

⑤ 피부에 잔여물을 닦아줄 경우 검지, 중지, 소지, 엄지 등을 이용하여 해면의 노폐물 부위가 다시 피부에 닿지 않도록 이동하여 닦아준다.

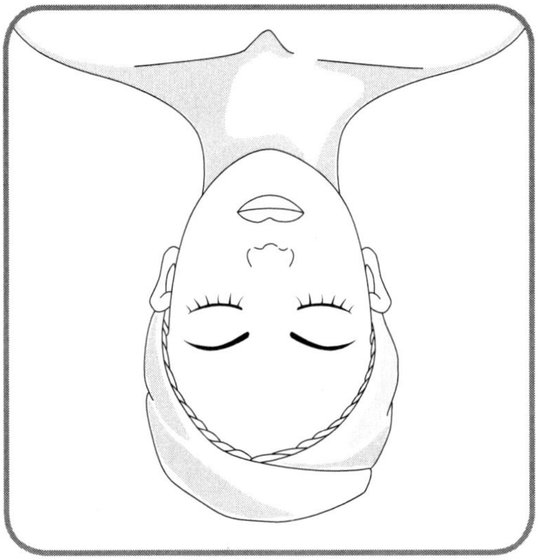

① 준비 : 해면 사용량을 미온수에 적셔 관자에 닿게 한 다음 시작한다.

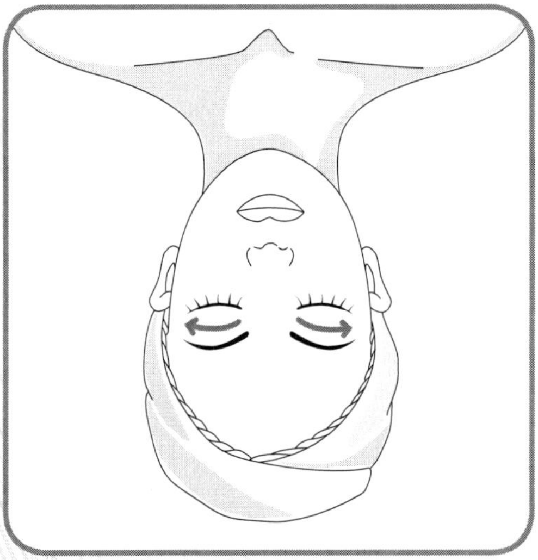

② 검지로 눈두덩 닦아주기

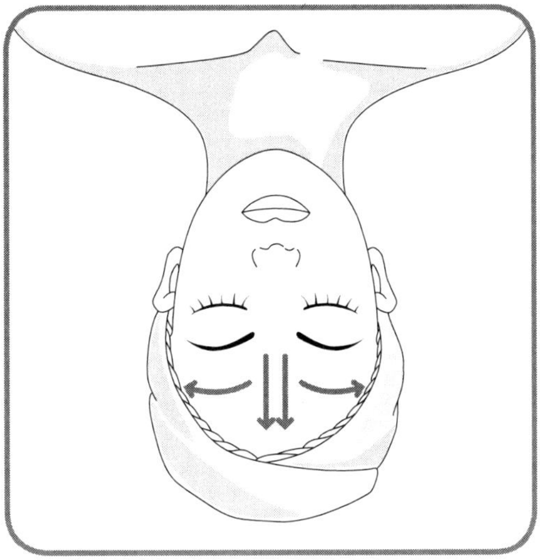

③ 중지로 이마 닦아주기

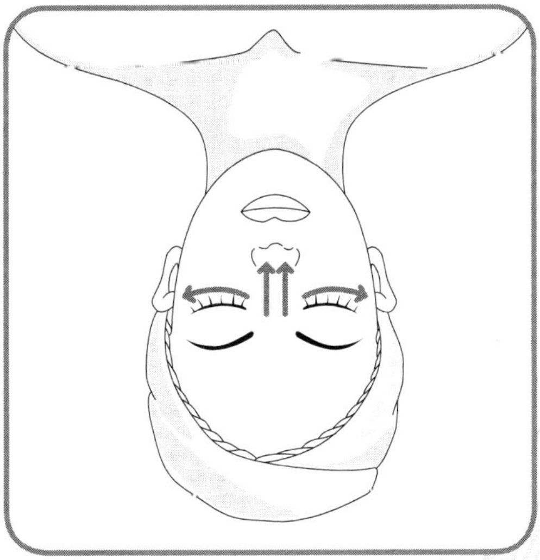

④ 소지로 코등과 눈밑 닦아주기

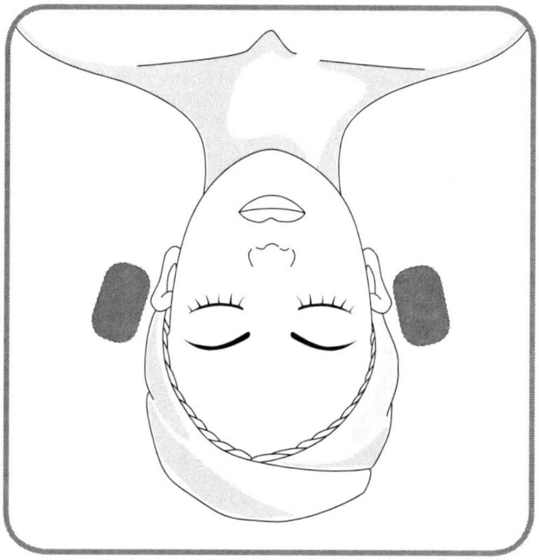

⑤ 해면 뒤집기 : 관자놀이부위에서 해면의 뒷면으로 돌려주기 한다.

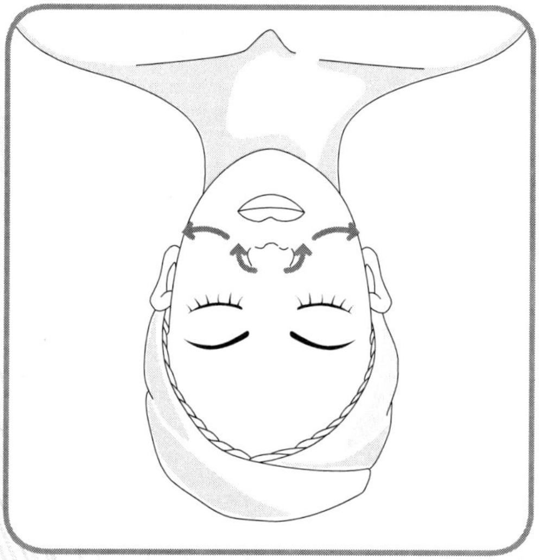

⑥ 검지로 코망울 아래볼 닦아주기

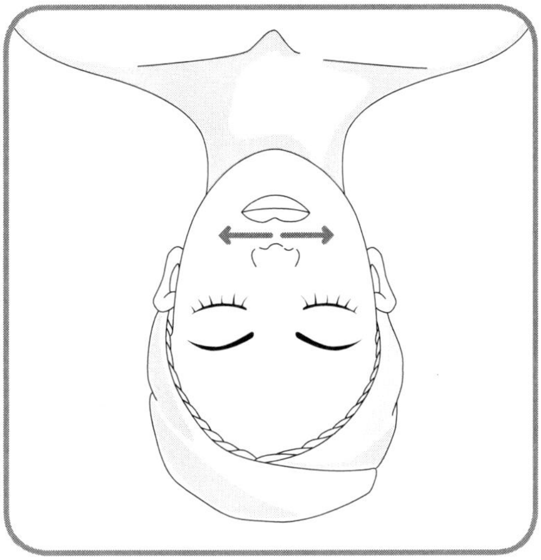

⑦ 중지로 인중 닦아주기

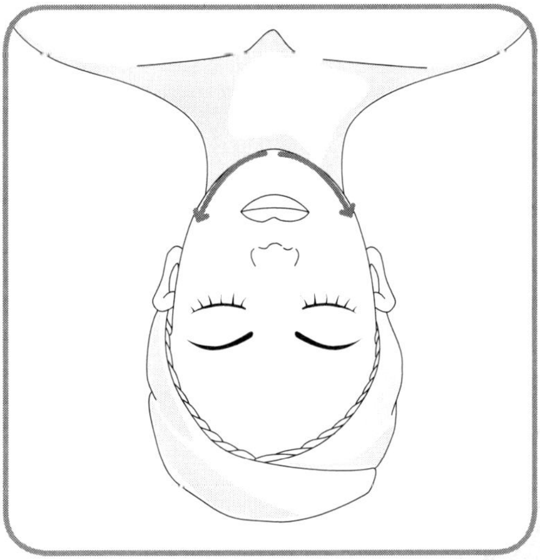

⑧ 소지로 턱선 닦아주기

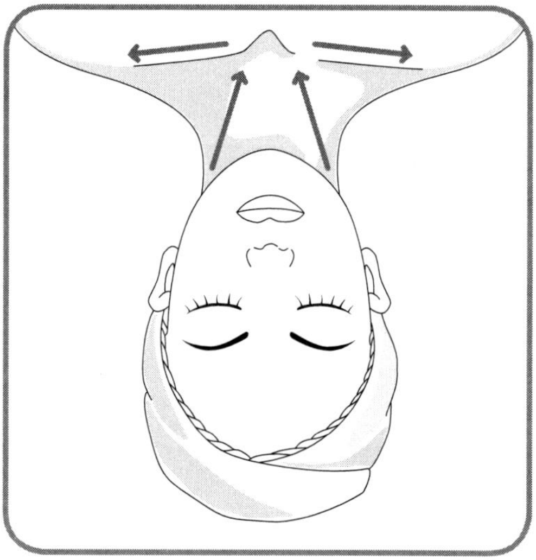

⑨ 엄지측면으로 목선, 데콜테 닦아주기

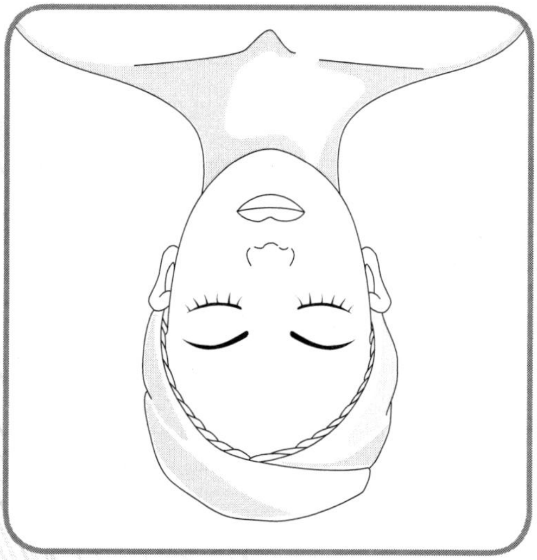

⑩ 위와 같은 동작을 1회 더 반복하여 잔여물을 제거, 마무리한다.

(3) 습포

습포 사용 방법으로는 냉습포와 온습포가 있다. 피부에 사용되는 모든 타월은 사용 후 삶는 단계를 거쳐 소독이 된 습포를 사용하여야 한다. 또한 타월에 물기를 묻혀 적당히 짠 후 접어서 온장고나 냉장고에 미리 넣어 두어 사용한다. 습포 사용 시 지나치게 뜨겁거나 차갑지 않게 관리자의 손에서 온도을 확인하여야 하며, 특히 예민피부, 모세혈관 확장피부, 화농성 여드름 피부는 뜨겁거나 차가운 습포 사용 시 주의하여야 한다.

1) 온습포(Hot compress)

온습포는 피부의 혈액순환 촉진으로 모공확장을 통한 먼지와 피지, 각질 등 노폐물 제거에 용이하게 도와준다. 온습포는 47~50도씨 정도가 적합하다. 50도 이상의 뜨거운 습포는 사용을 금해야한다. 온습포 사용으로 다음 단계에 사용하는 제품의 흡수를 용이하게 하는 효과가 있다.

2) 냉습포(Cold compress)

냉습포는 피부의 수렴 작용을 통한 진정 효과를 주며, 혈관을 수축시켜 염증 완화 및 탄력 유지, 모공 수축에 도움이 된다. 냉습포는 소독 된 것을 사용하고, 피부미용 관리 마지막 단계에서 사용한다.

◆ 프레셔 포인트(Pressure point)

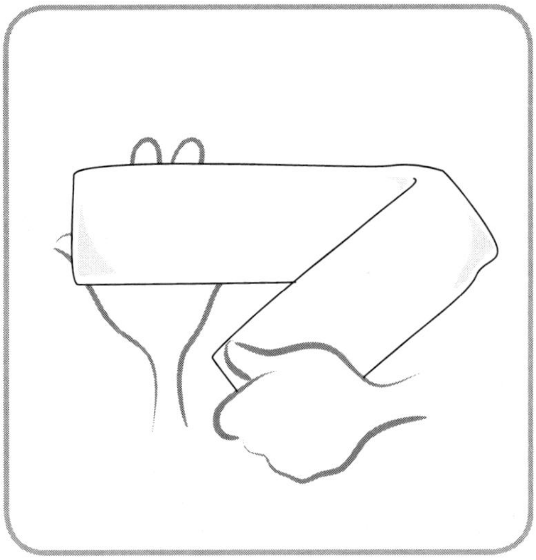

① 온도 체크

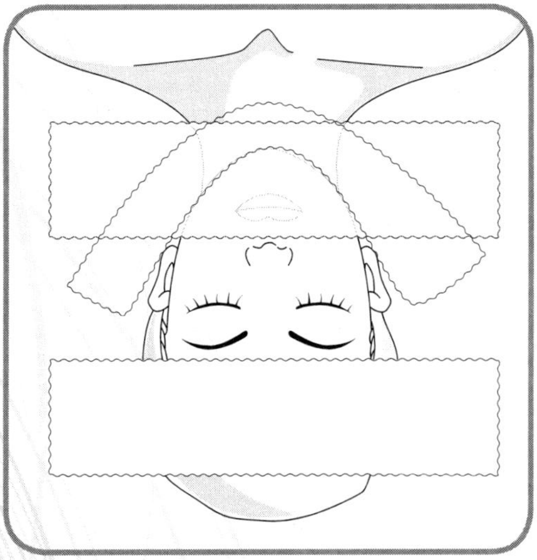

② 이마 입술 턱순으로 터치

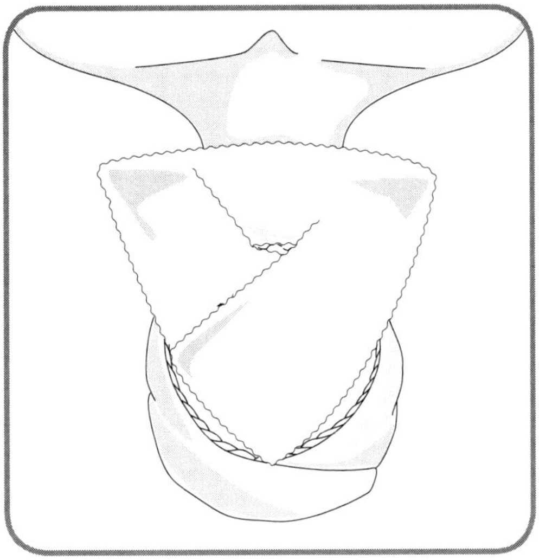

③ 얼굴에 온습포 올리기

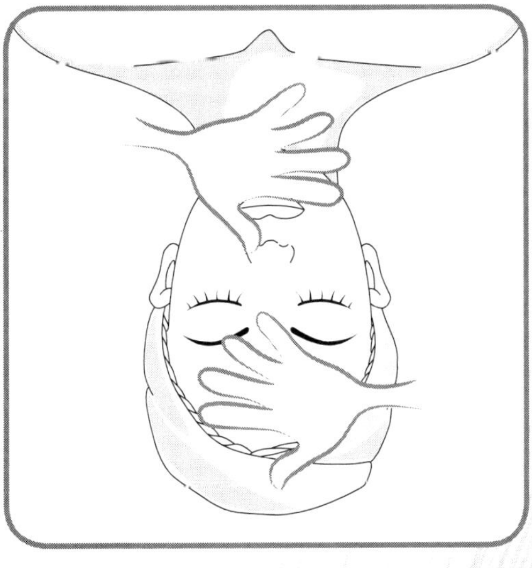

④ 이마와 턱에 손바닥 압하기

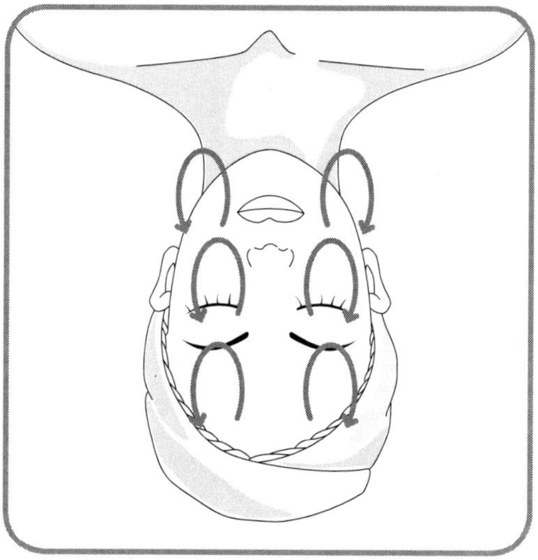

⑤ 이마, 관골, 턱 당기기

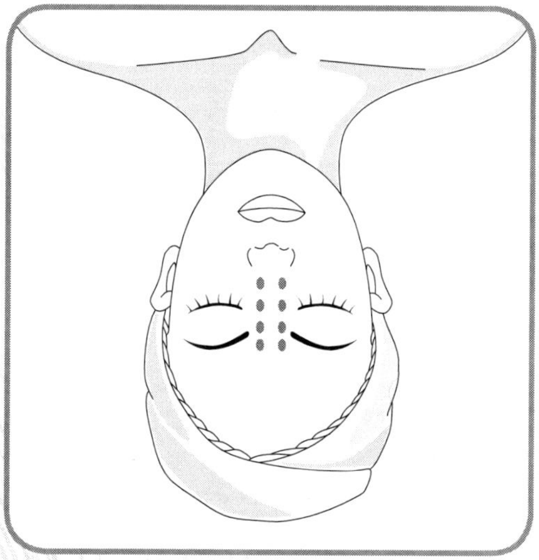

⑥ 손끝으로 코벽 압하기

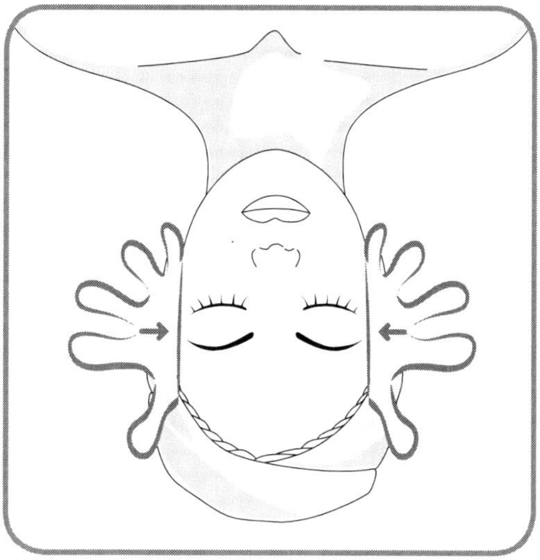

⑦ 관자 압하기

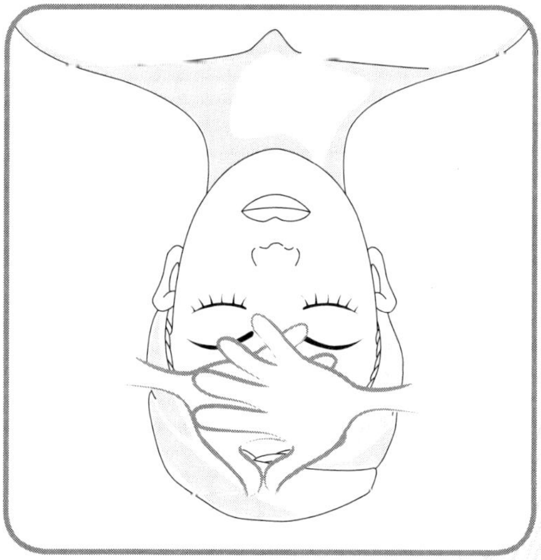

⑧ 양손 이마 압하기

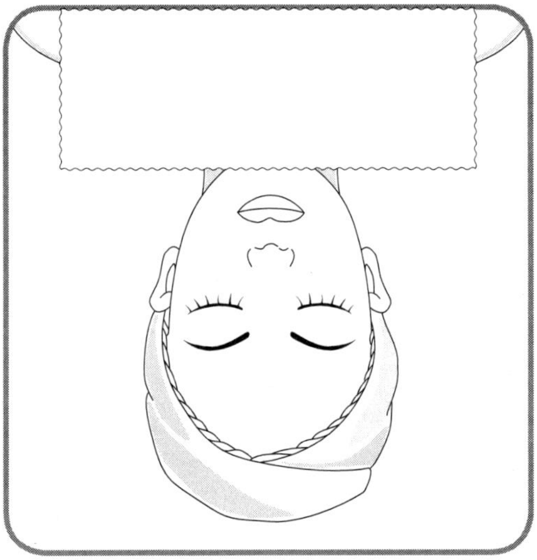

⑨ 습포 펼쳐주기

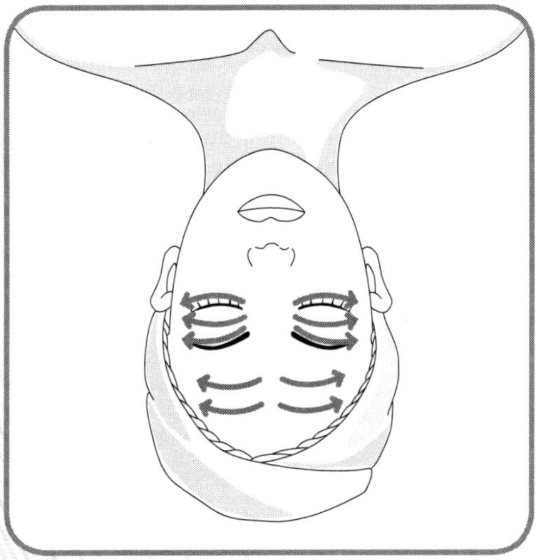

⑩ 눈부위 닦기 이마 닦기

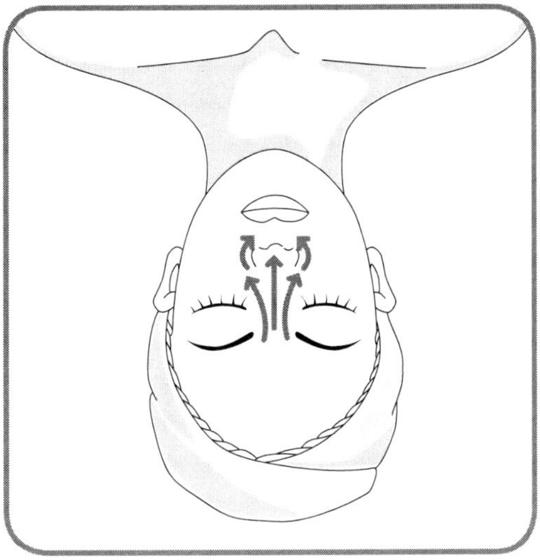

⑪ 코 쓸기

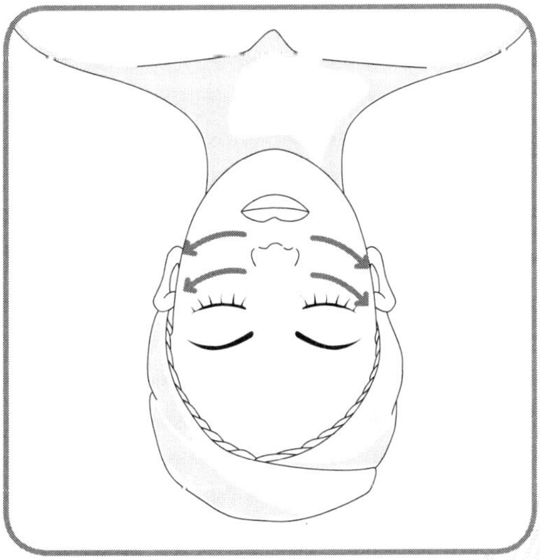

⑫ 볼 닦기

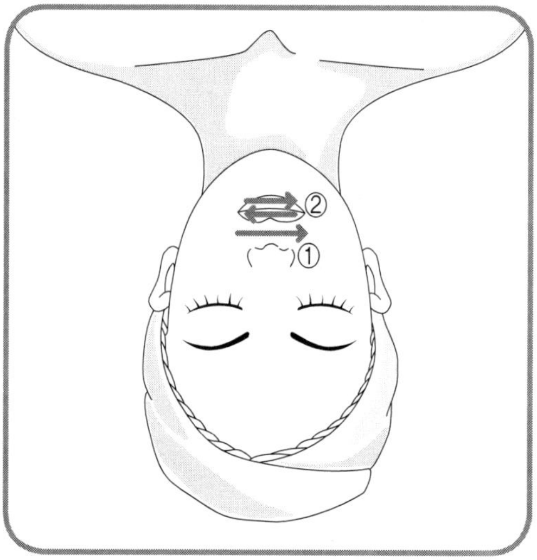

⑬ 입술 닦기

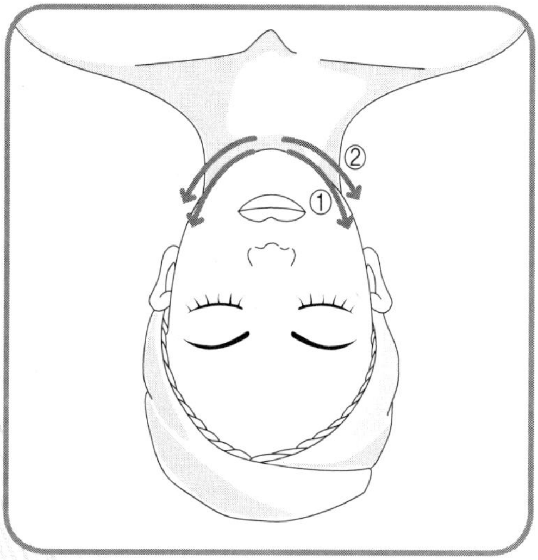

⑭ 턱선 닦기

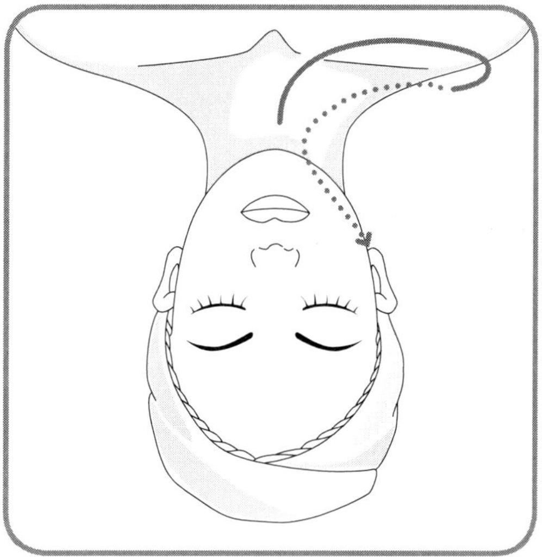

⑮ 목, 데꼴테 닦기

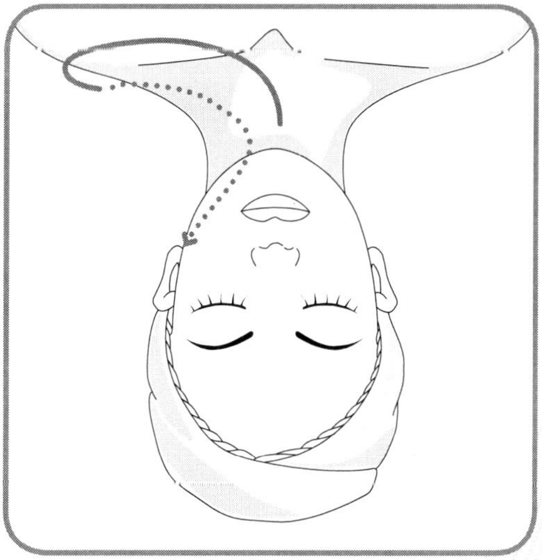

⑯ 반대편 목, 데꼴테 닦기

4. 화장수

화장수는 피부관리의 매 단계마다 사용하게 되는데, 이러한 화장수를 보통 스킨로션(skin lotion) 또는 토너(toner)라고 부른다. 화장수는 일반적으로 정제수, 에탄올, 보습제를 기본으로 하고 있으며, 이것을 기본으로 하여 화장수의 사용 목적에 따라 산이나 알카리 혹은 수렴제 등 기타 성분이 배합되어진다.

화장수는 세안 후 남아 있는 노폐물 등의 잔여물을 제거해주고, 피부결을 정돈해 주며, 각질층에 수분 공급과 피부 생리작용을 조절해 주는 피부의 pH(5.5~6.5) 밸런스를 맞춰주기 위한단계이다. 화장수의 알코올은 일반적으로 0~10% 정도이며, 10% 이상이면 소독력은 있으나 장기간 사용 시 건조와 예민 증상을 유발할 수 있다. 피부가 예민할수록 4% 이하의 알코올 함량이 낮은 화장수를 사용하는 것이 좋으며, 최근 화장수는 화장수의 종류와 상관없이 피지막의 pH조절을 위하여 pH 수치가 5~6 상태로 제조된다.

(1) 화장수의 종류

1) 유연화장수

수분공급과 피부의유연도를 맞춰주는 화장수로서 알코올이 6~8% 정도 함유되어 있다. 피부의 천연보습인자 등의 보습성분과 유연성분이 함유되어 건성, 노화피부의 사용한다.

2) 수렴화장수

모공수축과 수분공급을해주는 화장수로서 알코올이 8~10% 정도 함유되어 있다.

피부의 천연보습인자 등의 보습 성분을 통해 수분을 공급하고 알코올 함량으로 모공을 수축시켜 피부결을 정리하여지성피부, 복합성 피부타입에 사용하여준다.

3) 소염화장수

피부에 살균소독효과를 주어 문제성피부(여드름)타입에 사용하여준다. 지성피부타입과 여드름피부타입, 복합성피부타입등에 사용하여순다.

※ 양손 동시에 사용

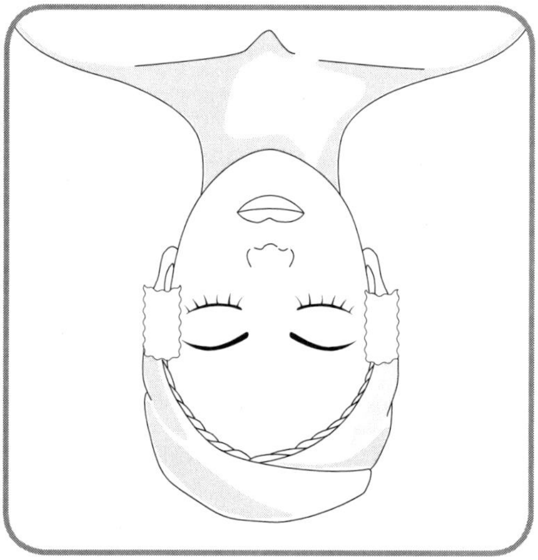

① 관자 터치

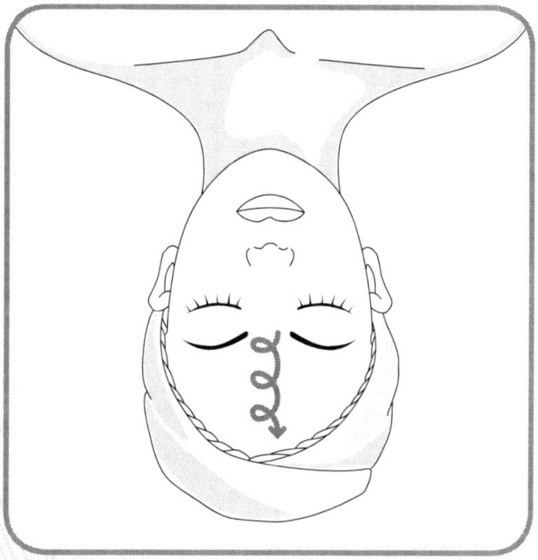

② 이마 원그리기

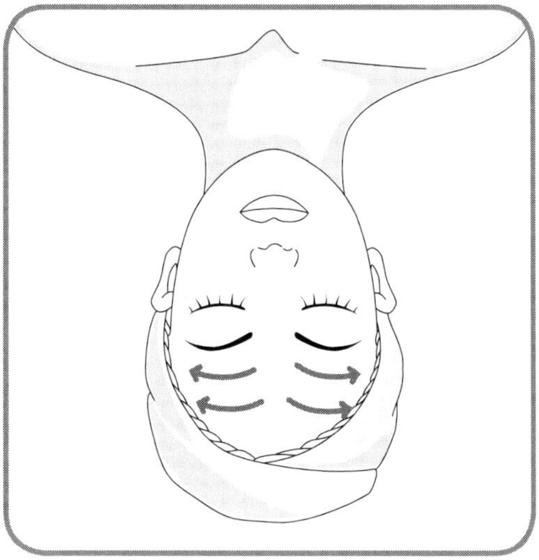

③ 이마 2등분 닦기

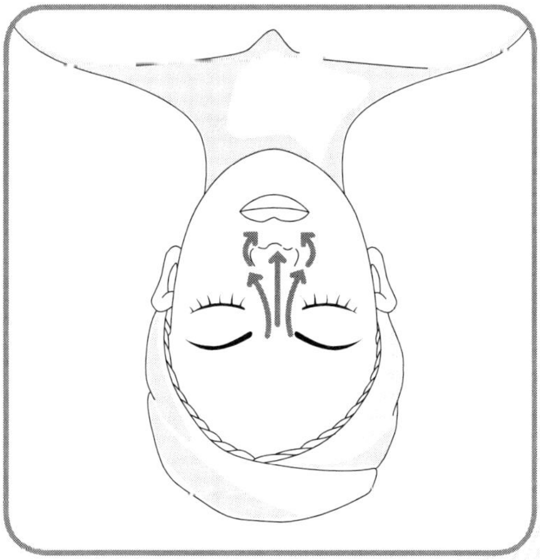

④ 콧대 코벽 코망울 닦기

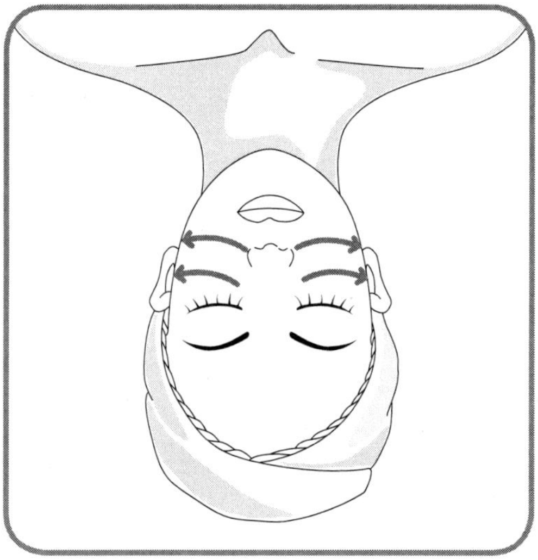

⑤ 뺨 2등분 닦기

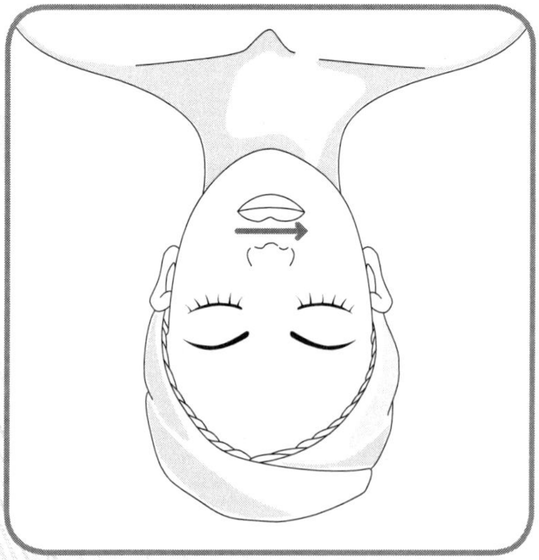

⑥ 인중 닦기

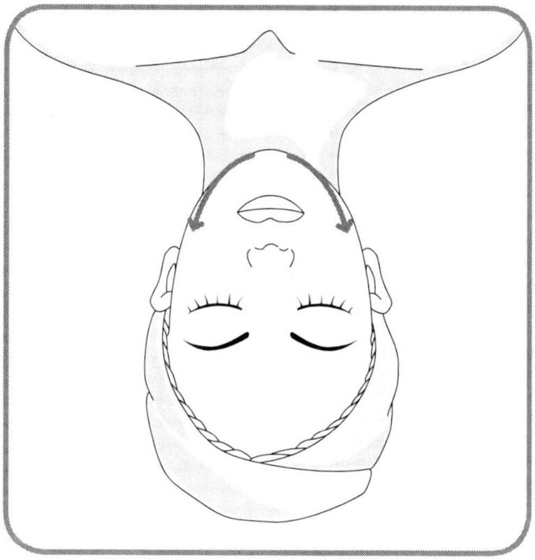

⑦ 턱선 닦기

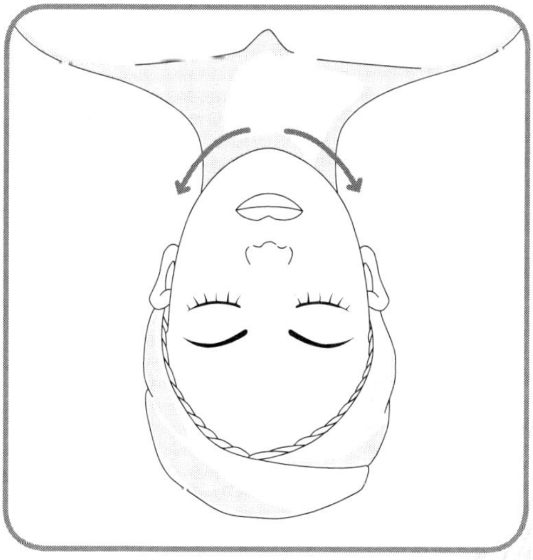

⑧ 화장솜의 뒷면이용 턱밑 닦기

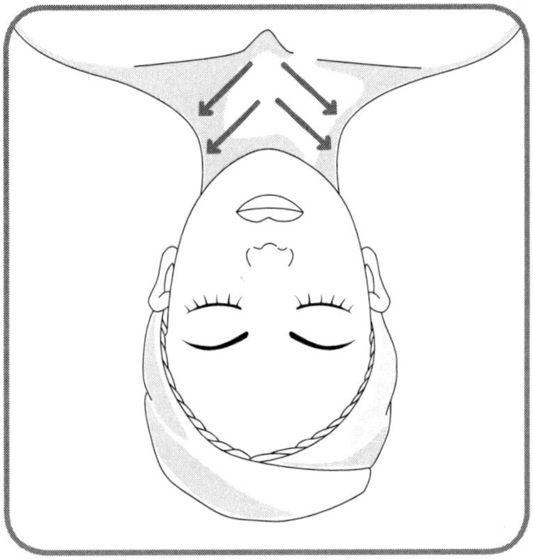

⑨ 목 2등분 닦기

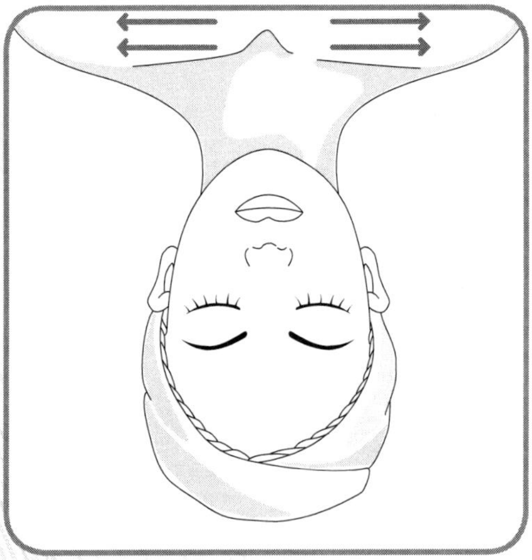

⑩ 데꼴테 2등분 닦기

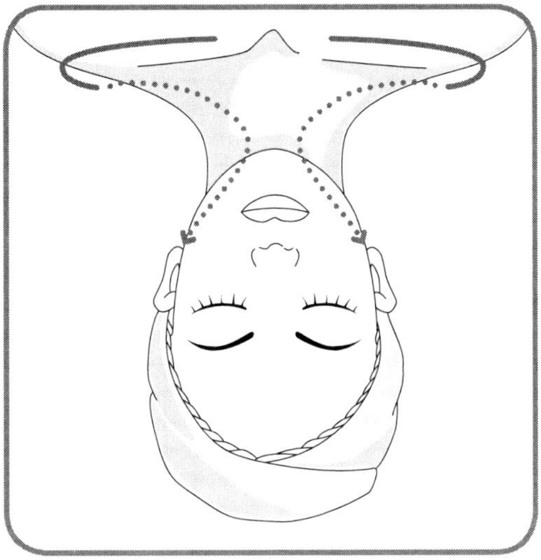

⑪ 데콜테 뒤, 뒷목, 귀뒤 닦기

5. 딥클렌징(deep cleansing)

딥클렌징이란 모공 깊숙이 들어있는 불순물과 피부 표면의 각질을 제거하여 피부의 재생을 도우며, 영양 물질의 침투를 도와주는 단계이다.

피부표면에 과각화된각질을 제거해줌으로선 케라티노 사이트를 원활히 해준다.

과각화된각질의 제거로 피부의 유효성분의 흡수를 도와준다. 유효성분의 흡수로 피부에 영양침투, 미백, 주름개선의 효과를 증대시킬수 있다.

(1) 딥 클렌징의 효과

딥 클렌징은 피부 표면의 묵은 각질과 모공속의 노폐물을 제거해 줌으로서 피부의 안색을 맑게 해주고, 혈액순환을 도와 피부의 건강함을 유지시켜준다. 뿐만 아니라 딥 클린징 후 다음 단계의 화장품 흡수를 도와준다.

(2) 딥 클렌징의 종류별 사용방법 및 특징

1) 스크럽(scrub)

스크럽 제품은 물리적 딥 클린징제로 크림, 젤, 밀크타입의 제제에 아몬드씨, 조개껍데기 가루, 고령토, 큐조토, 살구씨 등의 천연 재료의 알갱이 혹은 폴리에틸렌과 같은 인공 재료 등이 들어있는 제품으로 피부에 러빙 시 피부에 있는 노폐물을 연마 후 제거 용이하게 해주는 역할을 한다. 스크럽제를 피부에 도포 후 가볍게 러빙하여 제거하는 제품으로 물리적 압(러빙)을 강약으로 조절하여 실시하여 준다.

■ **준비물**

스크럽 제재, 유리볼, 스파츌라, 팩붓, 미온수

■ **방법**

· 헤어 밴드로 귀가 가려지도록 채워준다.
· 스크럽 제재를 유리볼에 사용량 덜어놓는다
· 팩 붓을 이용 일굴의 T-존 부위에 중앙에서 바깥 방향으로 발라준다.
· 팩 붓을 이용 얼굴의 u-존 부위에 중앙에서 바깥 방향으로 발라준다.
· 유리볼에 미온수를 준비한다.
· 미온수를 손 끝에 묻혀 얼굴에 문지르듯 러빙하여 준다.
· 해면으로 닦아내기 한다.
· 온습포로 닦아내기 한다.
· 토너를 이용 pH를 정상화시키고 피부결을 정돈하여 준다.

2) 고미쥐(gommage)

고마쥐는 '문지르다' 라는 뜻으로 피부에 도포 후 손끝을 이용 밀어내는 마찰과정에서 각질이 제거되는 물리적 딥 클렌징이다. 고마쥐는 손끝의 밀어주는 압으로 각질을 제거해주는 제품으로 빈번한 밀어주기 회수와 강약으로 조절하여 실시해준다.

■ **준비물**

고마쥐 제재, 유리볼, 팩붓, 스파츌라, 티슈, 미온수

■ **방법**

· 헤어밴드에 티슈를 놓고, 귀가 가려지도록 채워준다.
· 티슈를 얼굴 양쪽 측면 바닥에 깔아준다.
· 고마쥐 제제를 유리볼에 사용량 덜어놓는다.
· 팩붓을 이용하여 얼굴 중앙에서 바깥방향으로 같은 두께로 고르게 도포한다.
· 아이패드를 올리고 제품이 약간 마를 수 있도록 3~5분 방치한다.
· 유리볼에 미온수를 준비한다.
· 얼굴에 도포 된 고마쥐의 상태를 확인한다.
· 피부에 텐션을 준 후, 피부결 방향대로 손가락 끝을 이용 피부 안쪽에서 바깥방향으로 밀어낸다.
· 해면을 이용 얼굴에 남아 있는 고마쥐 잔여물을 털어낸다.
· 바닥에 깔려있는 티슈를 제거 한다.
· 아이패드 제거 후, 미온수를 손끝에 묻혀 얼굴에 문지르듯 러빙하여 준다.
· 해면으로 닦아내기 한다.
· 온습포로 닦아내기 한다.
· 토너를 이용 pH를 정상화시키고 피부결을 정돈하여 준다.

3) 효소(enzyme)

효소는 화학적 딥 클린징제로 펩신, 파파야의 파파인, 곰팡이균 효소 등의 화학적 작

용으로 각질을 연화시켜 제거해주는 제품이다. 크림 타입과 파어터 타입이 있으며, 따뜻한 온도(35~45도씨)와 70%의 습도에서 활발이 이루어진다. 각질 분해 능력이 있는 화학적 딥 클린징은 자극 없이 피부의 과각질층을 제거하여준다.

■ **준비물**

효소제재, 유리볼, 팩붓, 미온수, 스티머 기기 or 온습포

■ **방법**

· 유리볼에 효소제재를 제형에 맞도록 준비한다.
  분말형 – 정수를 이용 농도를 맞추어준다.
  크림타입형 – 사용량을 담아 놓는다.

· 아이패드를 올린 후, 팩붓을 이용T–존 부위를 시작으로 얼굴 중앙에서 바깥방향으로 전체 도포한다.

· 온습포 사용 시 :
  – 아이패드와 립패드를 올린 후 거즈를 올려준다.
  – 온습포를 거즈위에 올려 준 후 피부 타입에 맞게 3~5분 방치한다.
  – 온습포 제거 후 거즈와 아이패드를 제거하여 준다.
  – 미온수를 손끝에 묻혀 얼굴에 문지르듯 러빙하여 준다.

· 스티머기기 사용 시 : 아이패드와 립패드를 올려준다.
  – 적정한 사용방법으로 스티머기를 사용한다.
  – 피부 타입에 맞게 3~5분 스티머기를 조사하여 준다.
  – 피부 타입에 맞게 1~2분 자연 방치한다.
  – 미온수를 손끝에 묻혀 얼굴에 문지르듯 러빙하여 준다.

· 아이패드 제거 후, 미온수를 손끝에 묻혀 얼굴에 문지르듯 러빙하여 준다.

· 해면으로 닦아내기 한다.

· 온습포로 닦아내기 한다.
· 토너를 이용 pH를 정상화시키고 피부결을 정돈하여 준다.

4) AHA(alpha hydroxy acid)

효소는 화학적 딥 클린징 제제로 과일과 사탕수수 등에서 추출한 글리콜산, 락틱산, 시트르산등을 10%이하로 희석하여 만든 딥 클린징제다. 피부에 도포 후 화학적 작용을 이용 과각질의 제거를 용이 하게하여 피부를 맑게 도와준다.

■ 준비물

AHA 제재(액체형) 유리볼, 팩붓, 면봉, 냉습포

■ 방법

· 유리볼에 AHA 제재를 필요량 덜어놓는다.
· 아이패드를 올려놓은 후 팩 붓이나 면봉을 이용하여 T-존 부위를 시작으로 얼굴 중앙에서 바깥방향으로 전체 도포한다.
· 피부 타입에 맞게 3~5분 가량 방치한다.
· 아이패드를 제거하여 준다.
· 해면으로 닦아준다.
· 냉습포로 닦아준다.
· 토너를 이용 pH와 피부결을 정돈하여 준다.

6. 두피마사지

두피는 유형에 맞지 않은 샴푸, 난방에 의한 건조한 공기, 잦은 드라이, 펌, 염색 등으로 자극을 받아 두피가 민감해지거나 염증이 유발되기도 하고, 각질과 피지가 응고되어 모공을 막음으로써 모발의 영양 공급을 원활하게 하지 못해 모발이 가늘어지면서 건조하고 부석거리며 탈모로 진행될 가능성을 누구나 가지고 있다. 이에 두피마사지는 두피의 혈액순환을 시켜 모근의 영양공급을 원활하게 해주며, 모발의 성장을 촉진시켜 탈모 방지에 도움을 줄 뿐만아니라 피로 회복과 기분을 상쾌하게 하며 심리적인 안정감을 가져다준다.

① 엄지로 두정부 횡방향 마사지하기

② 엄지로 두정부 종방향 마사지하기

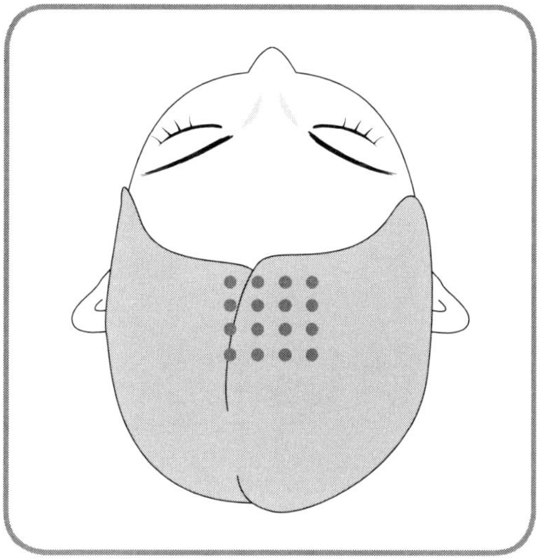

③ 4손가락 끝을 이용 두정부 마사지하기

④ 양손 측두 마사지하기

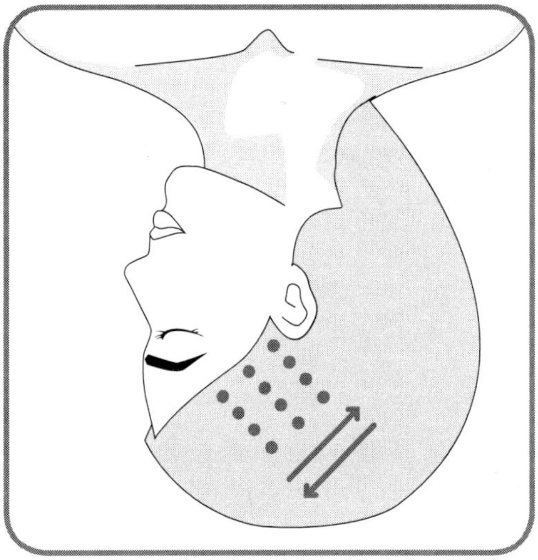

① 측두 횡방향 마사지하기

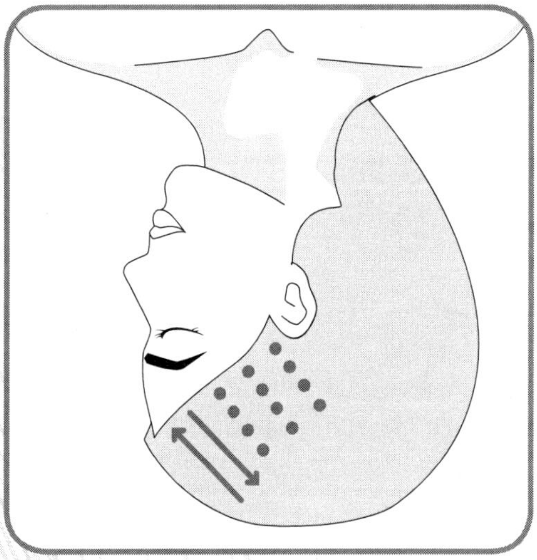

② 측두 종방향 마사지하기

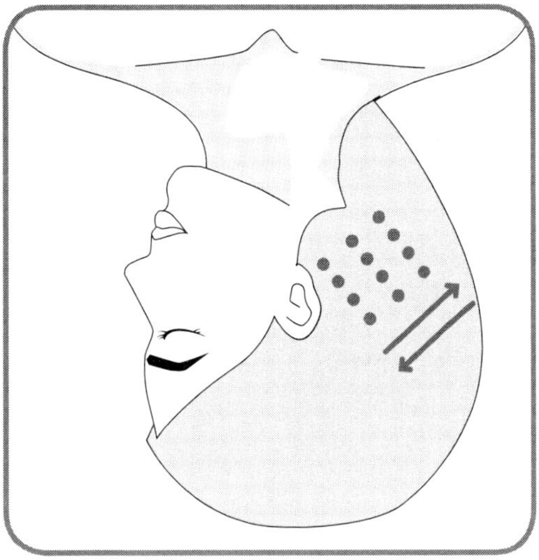

③ 후두부분 횡방향 마사지하기

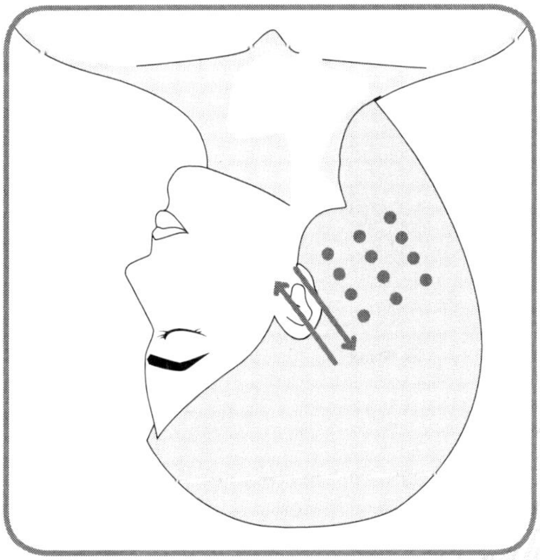

④ 후두부분 종방향 마사지하기

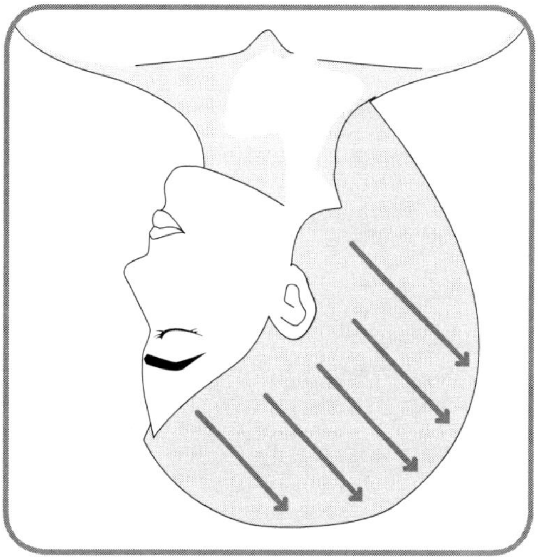

⑤ 머리쓸기

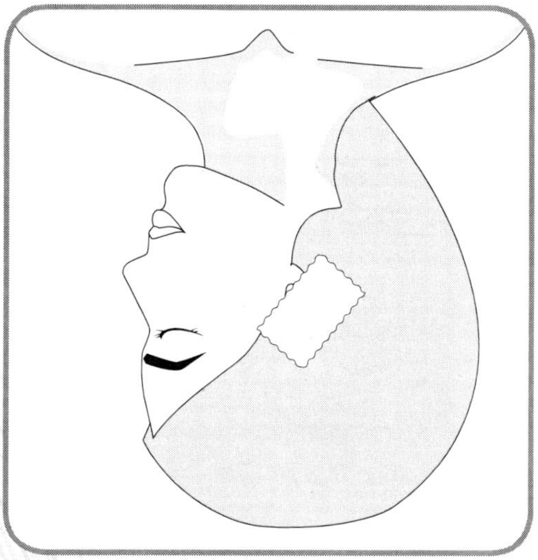

⑥ 화장솜에 토너를 도포, 귀 앞 · 뒤를 닦아준다.

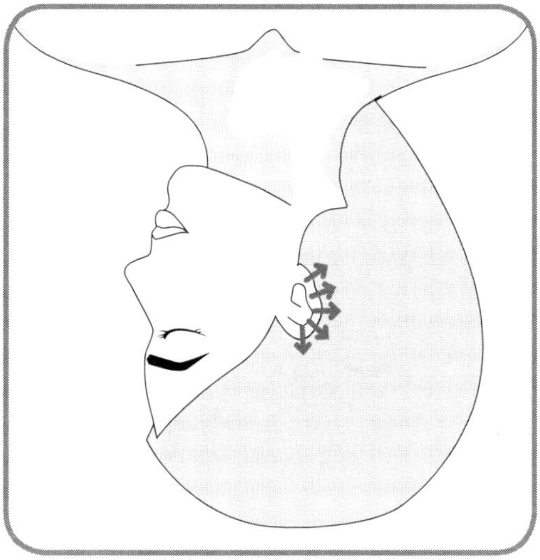

⑦ 귀 끝부분을 외측으로 밀어주기

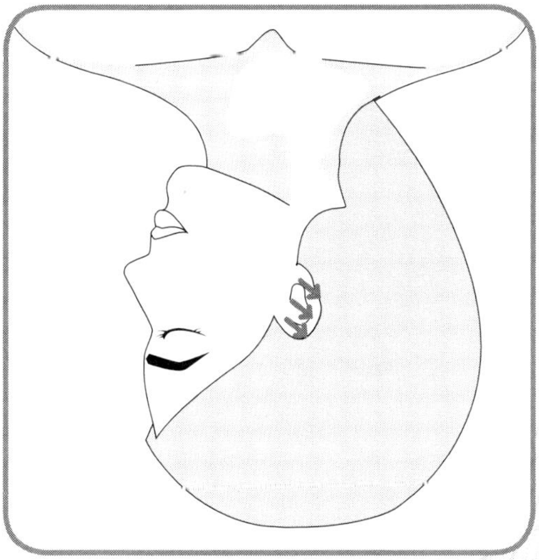

⑧ 귀 안쪽 외측으로 밀어주기

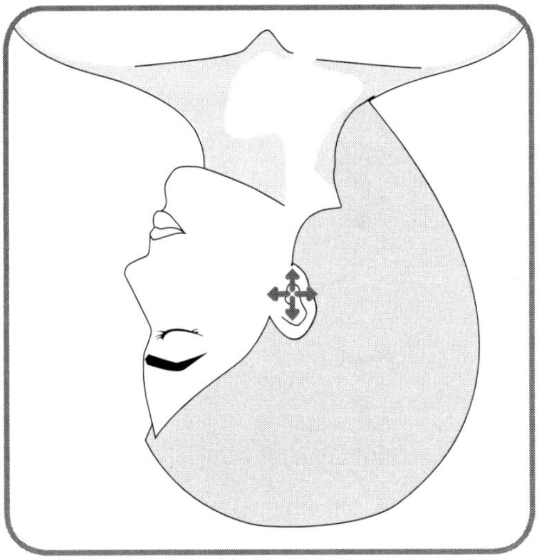

⑨ 귀 안쪽 4방향 마사지하기

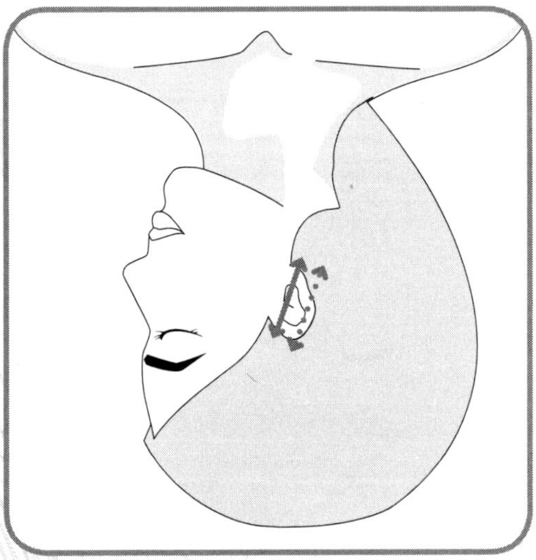

⑩ 검지와 중지를 이용하여 귀 앞 · 뒤 밀고 당겨주기

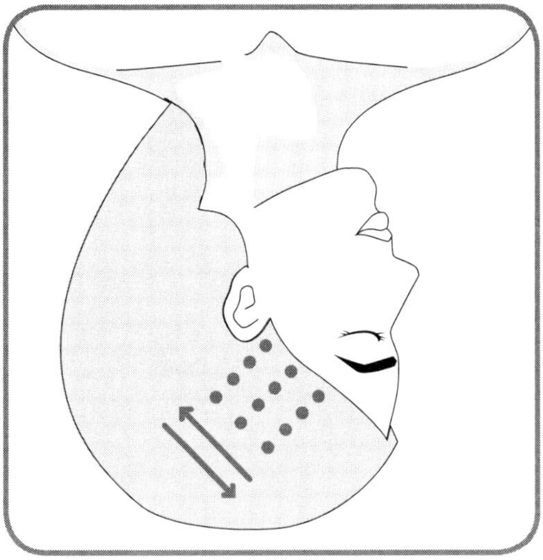

⑪ 반대측도 마찬가지로 측두 횡방향 마사지하기

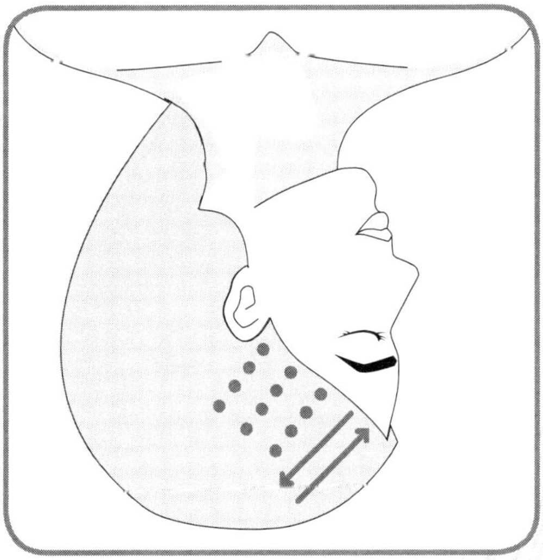

⑫ 측두 종방향 마사지하기

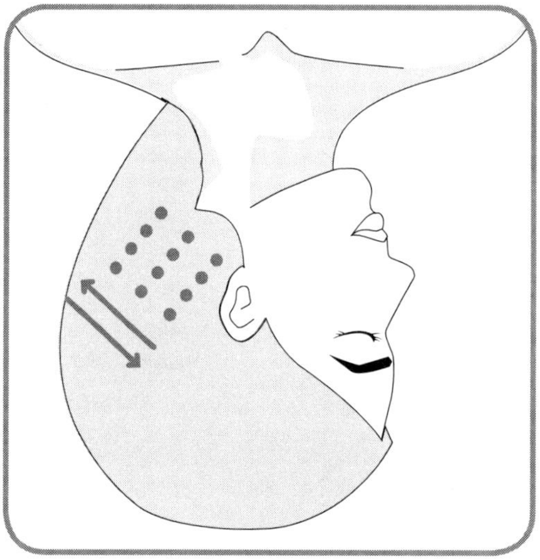

⑬ 후두부분 횡방향 마사지하기

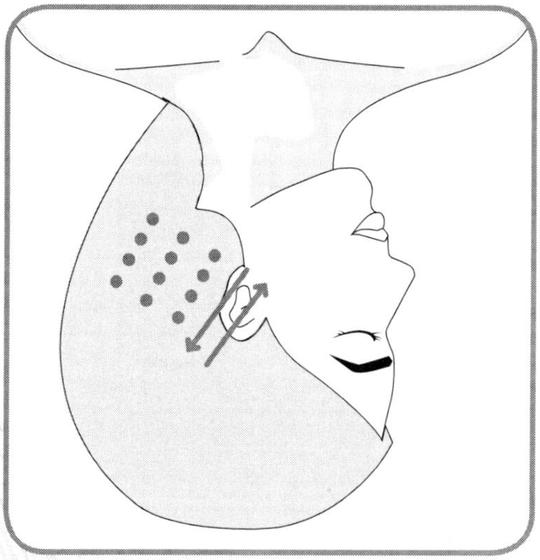

⑭ 후두부분 종방향 마사지하기

⑮ 머리쓸기

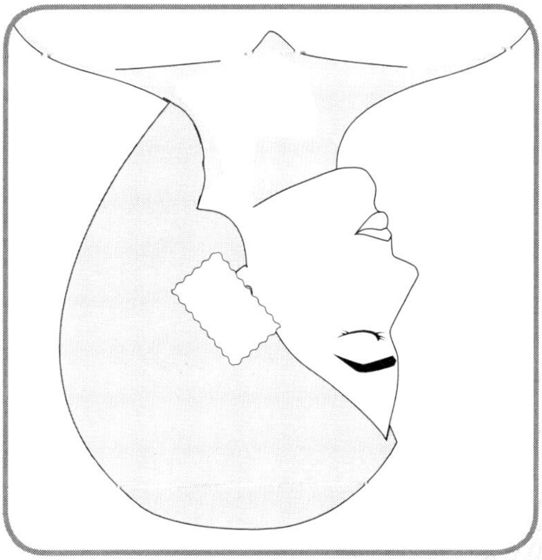

⑯ 화장솜에 토너를 도포, 귀 앞 · 뒤를 닦아준다.

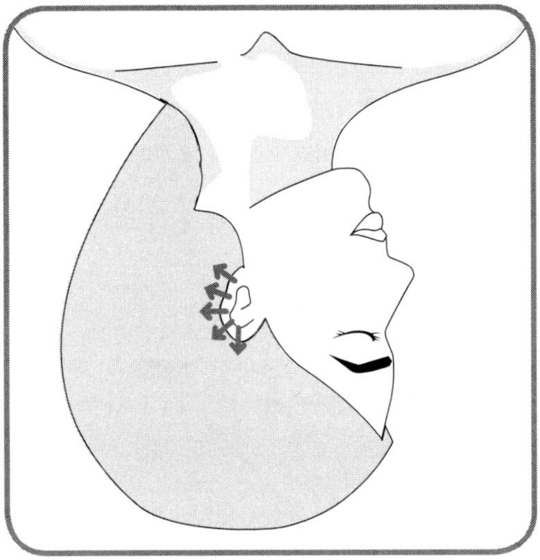

⑰ 귀 끝부분을 외측으로 밀어주기

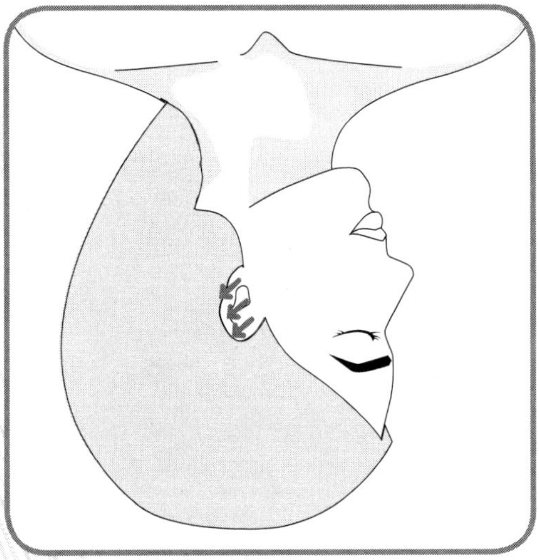

⑱ 귀 안쪽 외측으로 밀어주기

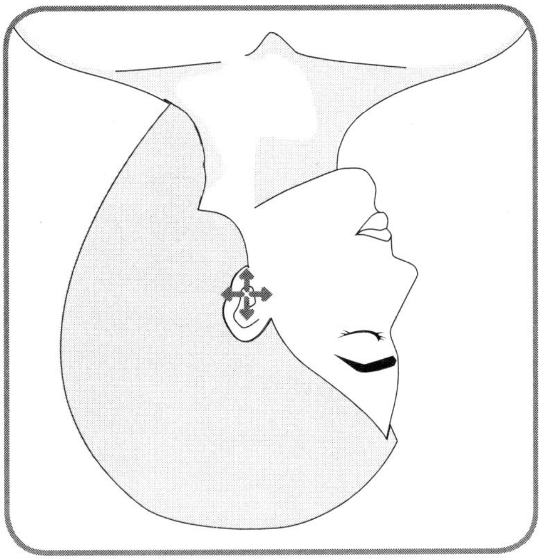

⑲ 귀 안쪽 4방향 마사지하기

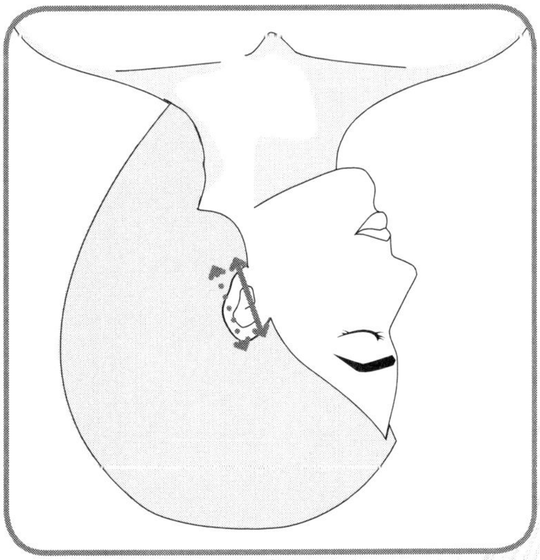

⑳ 검지와 중지를 이용하여 귀 앞・뒤 밀고 당겨주기

7. 매뉴얼 테크닉(manual technique)

매뉴얼 테크닉이란 피부 유형에 알맞은 제품을 이용하여, 5가지(effeurage, friction, petrissage, tapotement, vibration) 동작으로 피부와 근육조직에 마찰하여 피부의 기능을 활성화시키는 방법을 말한다. 매뉴얼테크닉을 통해 혈액순환과 신진대사를 증진시켜 체내 노폐물배설을 도와주고, 피로회복을 증진시켜 안색을 맑게 해주고 건강한 피부상태를 유지시켜준다.

(1) 효과 효능

① 영양공급, 노폐물 배설효과,
② 혈액순환 및 림프순환의 촉진
③ 심지적 안정감과 긴장이완효과
④ 피부의 부종완화와 세포재생효과
⑤ 각질과 노폐물제거로 인한 피부청정작용

(2) 마사지시 주의사항

① 감염성이 있는 피부질환 환자
② 염증이나 일광욕 후 피부 자극이 심한 경우
③ 수술직후나 시술직후의 환자
④ 임신 초기와 말기의 임산부
⑤ 사용제품이 눈, 코, 입속으로 들어가지 않도록 주의
⑥ 피부 자극 시 따끔거림이나 가려움을 호소할경의 주의

(3) 마사지의 기본동작

1) 경찰법(쓰다듬기, effleurage)

■ **동작** : 손바닥 전체를 피부에 밀착시켜 천천히 가볍게 쓰다듬는 동작으로 피부의 온도를 상승시켜 마사지의 효과를 높여주는 동작이다.

■ **효과** : 매뉴얼 테크닉 처음과 끝부분에 사용하며, 테크닉과 테크닉의 연결동작에도 주로 사용된다. 자율신경계의 자극을 통한 피부 휴식, 긴장 완화와 진정 작용의 효과가 있다. 또한 모세혈관 이완과 림프선 자극을 통한 순환의 효과가 있다.

2) 강찰법(마찰하기, 문지르기, friction)

■ **동작** : 손가락 끝을 용하여 피부에 대고 나선형으로 강약을 살려 자주하는 동작이며, 원 운농을 하며 피부중앙에서 바깥방향으로, 위에서 아랫방향으로 동작하며, 반대방향진행시 압을 부드럽게 하여 준다.

- **효과** : 혈액순환 촉진과 모공의 피지 및 노폐물 배출을 용이하게 한다. 피부의 탄력 증가 효과와 주름이 생기기 쉬운 부위인 이마, 입가, 눈가에 실시할 경우 근육의 긴장을 이완시키는 효과와 결체조직을 강화시킬 수 있다.

3) 유연법(반죽하기, petrissage)

- **동작** : 손가락전체를 이용하여 반죽하는 손동작으로 피부 및 조직까지 자극이 있는 마사지법 중 가장 강한 동작이다. 피부와 근육을 강하게 잡았다가 가볍게 반죽하듯 주무르는 동작이다.
- **효과** : 근육의 긴장을 이완시키고, 근육강화에 효과가 있다. 또한 혈관과 림프의 흐름을 촉진시키며 노폐물 제거에 용이하다.

4) 고타법(두드리기, tapotement)

- **동작** : 손의 모든 부위, 손가락 끝, 손의 측면 ,주먹, 손바닥 등을 이용하여 두드리는 동작이다. 리듬감 있는 동작으로 가볍게 두드리거나 빠르게 두드리는 등 부위에 따라 동작을 다르게 하여 준다.
- **효과** : 리듬감 있는 동작으로 화장품의 흡수를 돕는 효과가 있다. 결체조직의 강화와 근육의 긴장 이완의 효과가 있다.

5) 진동법(떨기, vibration)

- **동작** : 손가락을 차례대로 구부려 움직여서 피부에 빠르고도 고른 진동을 주는 동작이다. 손끝 또는 손전체로 피부에 리듬감 있는 진동을 주는 방법이다.
- **효과** : 피부에 탄력과 혈액순환 촉진 효과가 있다. 피부와 뭉친 근육을 이완시킨다.

6) 압박법

■ **동작** : 손끝이나 손바닥 전체를 사용하여 혈점을 자극하는 동작이다. 빈번하고 빠른 압박법, 호흡을 통한 가벼운 압박법등 호흡과 빠르기에 따른 방법이 있다. 호흡을 통한 압박법은 3초간씩 압하고, 머무르고, 압을 풀어주는 순으로 이루어진다.

■ **효과** : 근육과 정신의 긴장을 이완시켜주며, 혈액순환 촉진 효과가 있다.

(4) 실전 매뉴얼 테크닉

◆ 얼굴 근육

1) 얼굴 실전테크닉(facial massage)

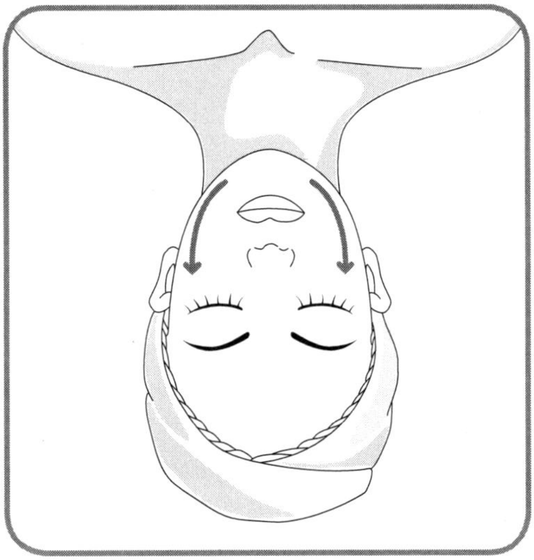

① 얼굴 제품도포

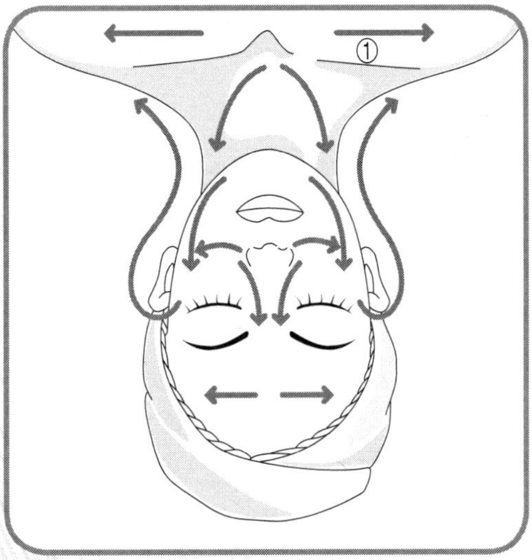

② 전체 에플라지

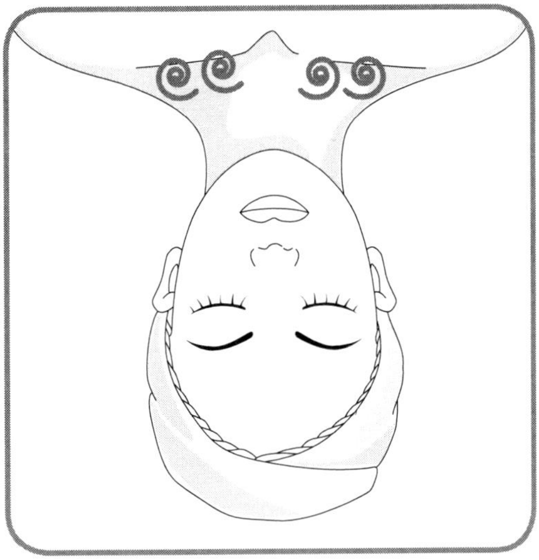

③ 쇄골 안쪽 펌핑

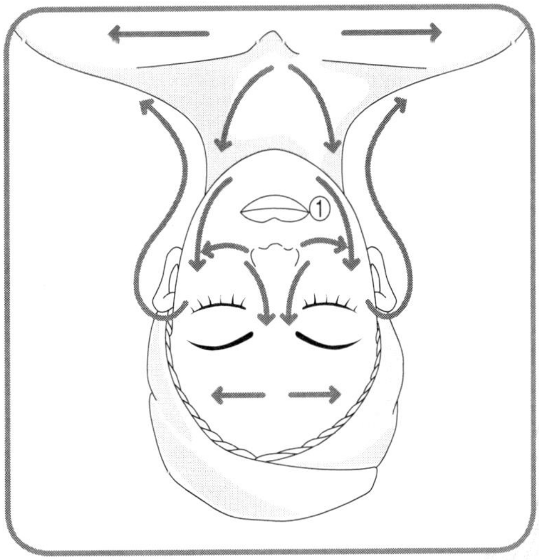

④ 전체 에플라지(양손 번갈아)

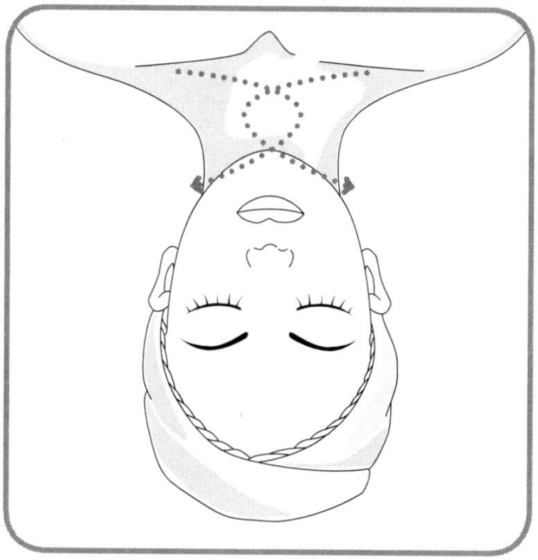

⑤ 뒷목 돌리기

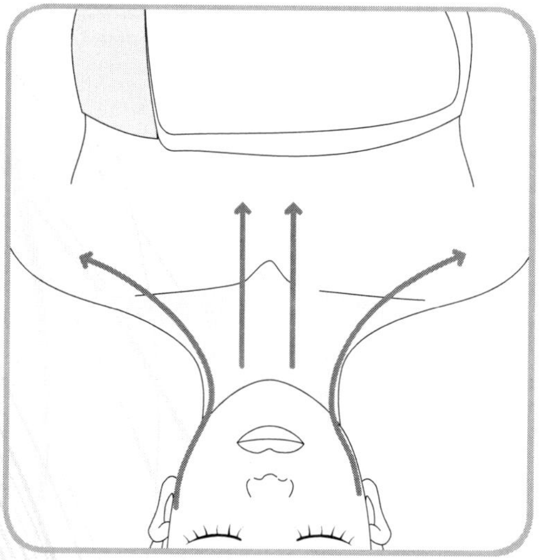

⑥ 테꼴테 쓸어내리기

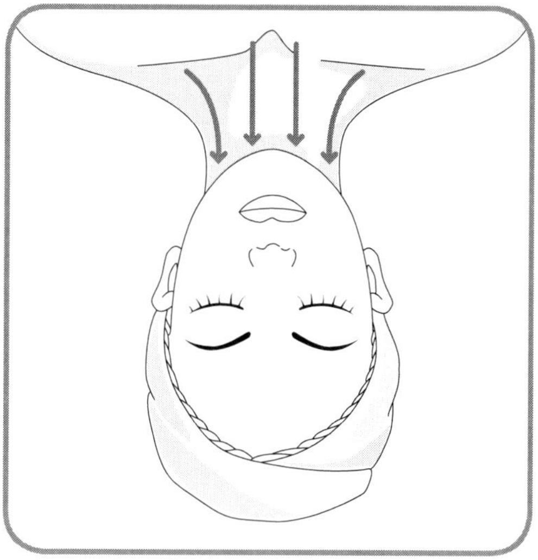

⑦ 목 쓸어주기

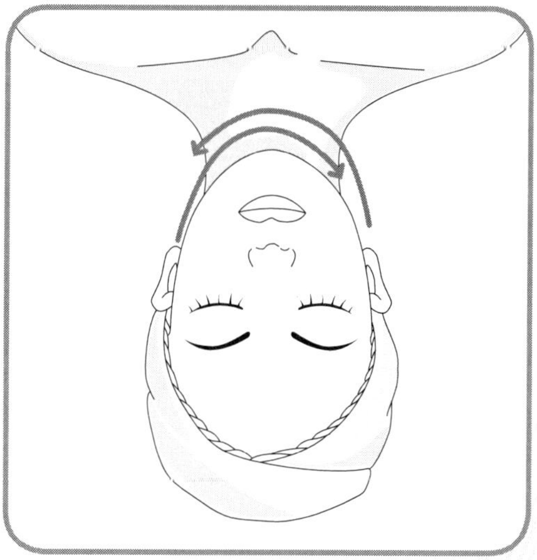

⑧ 턱 감싸기

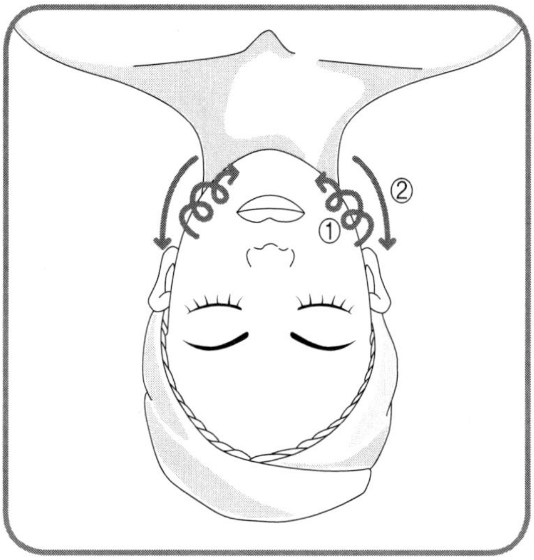

⑨ 턱선 너클링

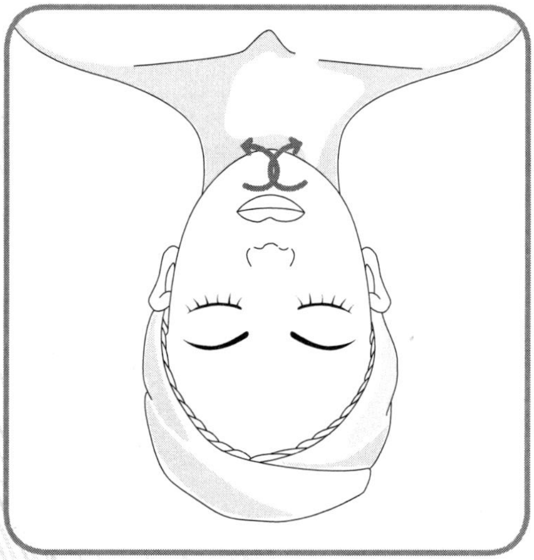

⑩ 엄지로 턱 문지르기

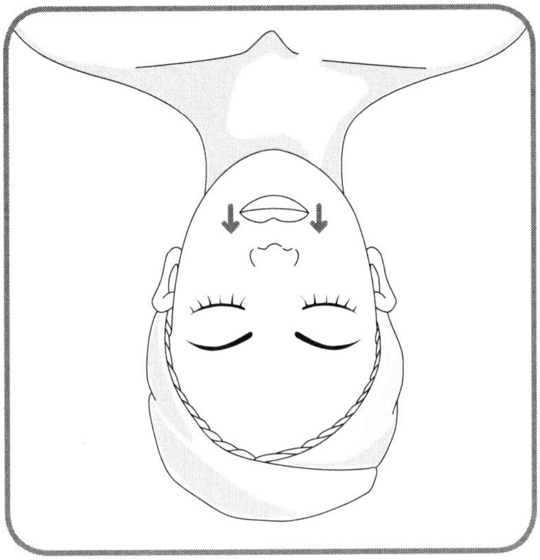

⑪ 입가 튕기기

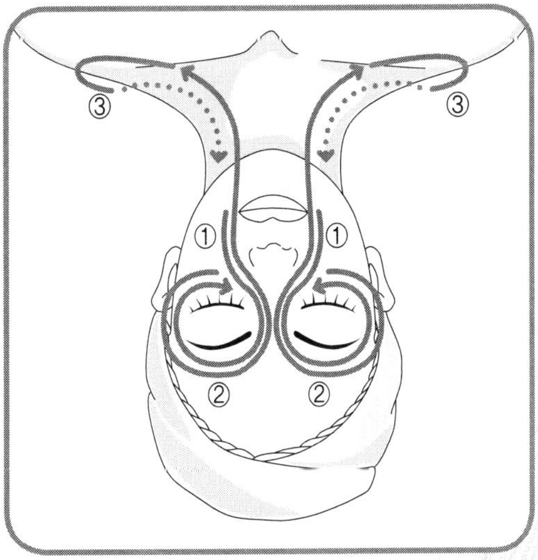

⑫ 엄지로 코벽쓸고 눈 원그리기

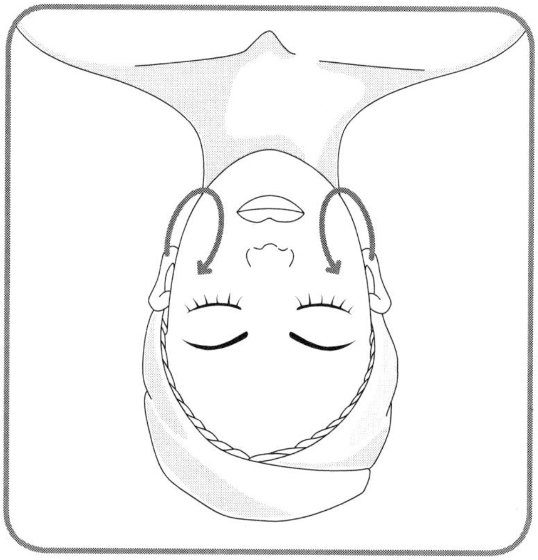

⑬ 볼 감싸기

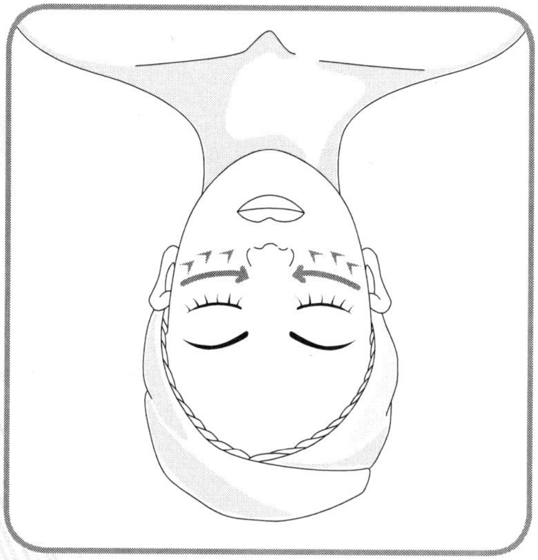

⑭ 관골 튕기기

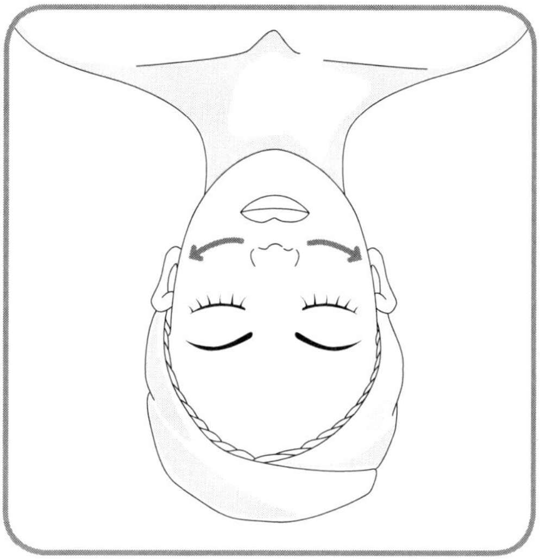

⑮ 관골 엄지 쓸기

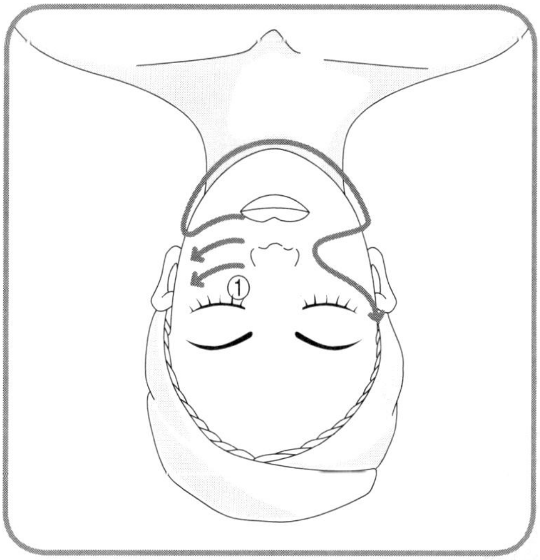

⑯ 지그재그 쓸기(①번 오른손 사용)

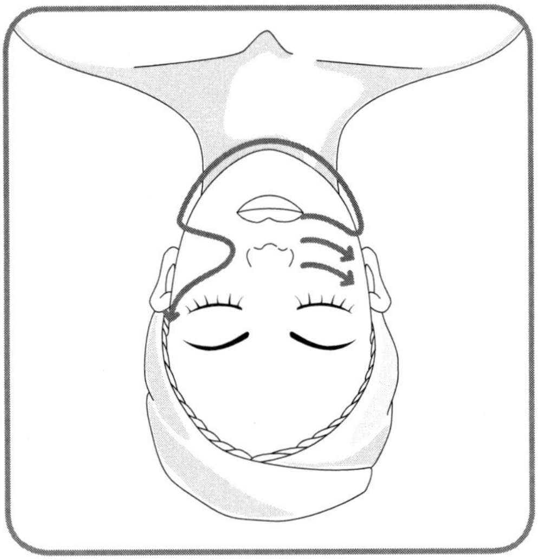

⑰ 반대편 지그재그 쓸기

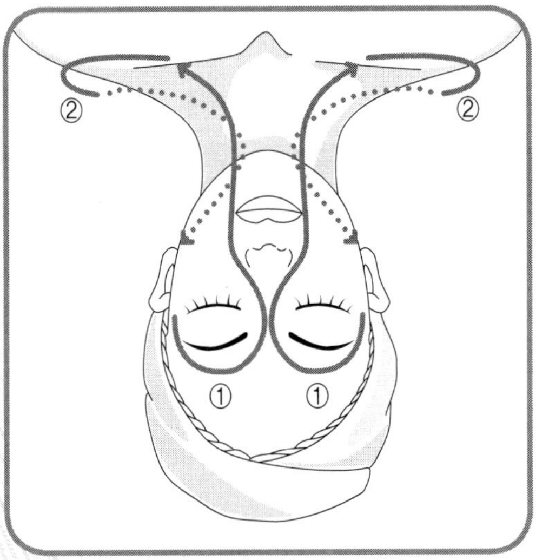

⑱ 연결 동작

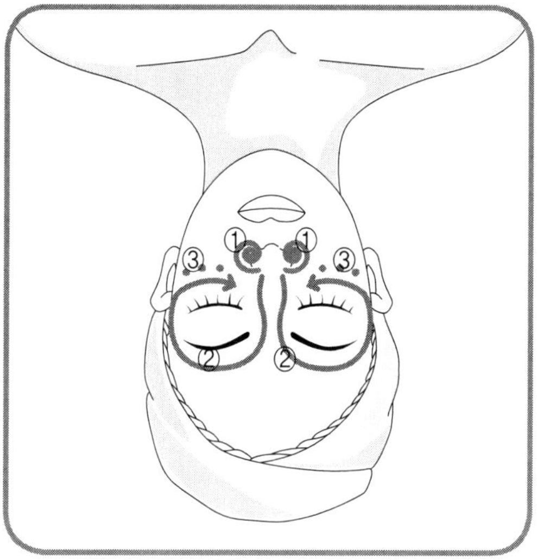

⑲ 엄지로 코망울, 코 엄지로 서클링/ 눈밑 포인트 찍기

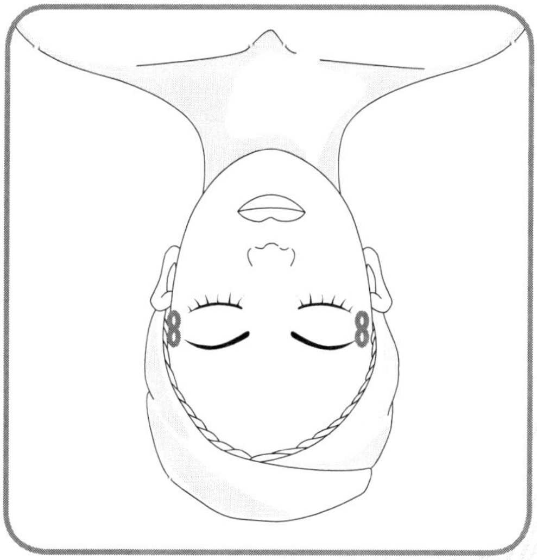

⑳ 관자 8자 쓸어주기

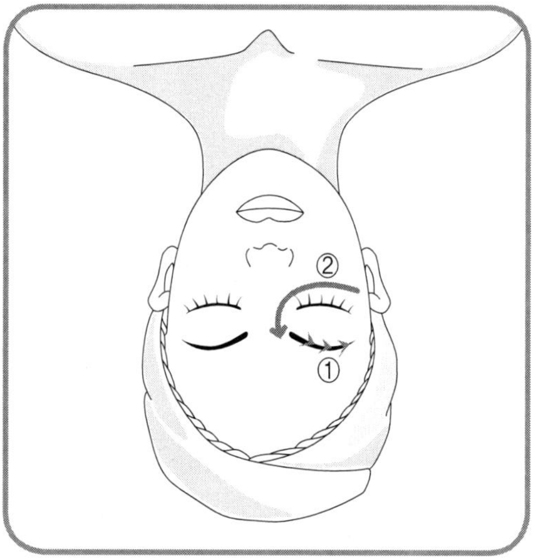

㉑ 엄지 검지 추미근 쓸어주기

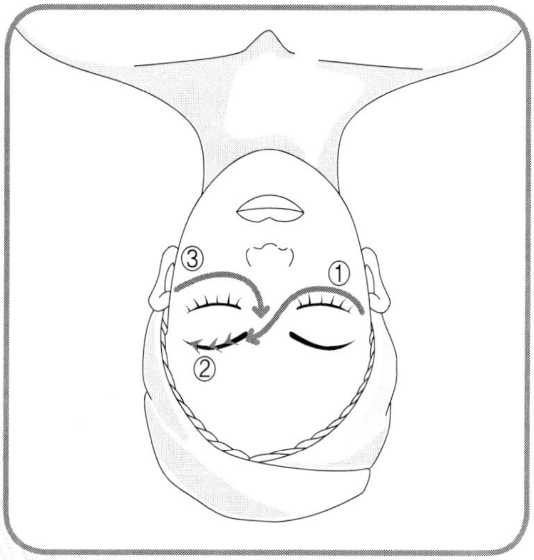

㉒ 반대로 넘어가서 엄지 검지 추미근 쓸어주기

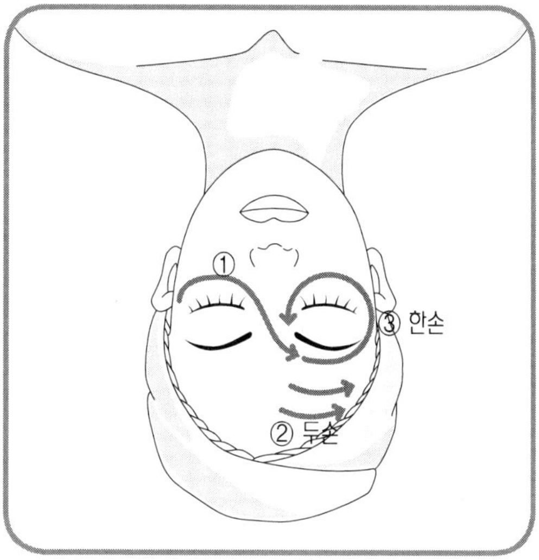

㉓ 반대편 똑같이 하기

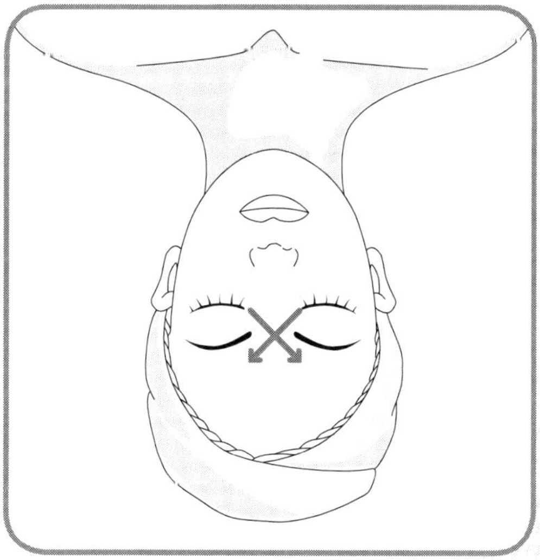

㉔ 엄지로 미간 X자 쓸기

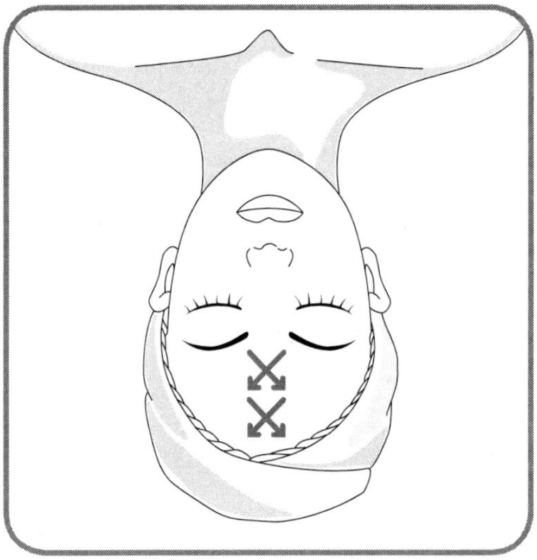

㉕ 이마 X자 쓸기

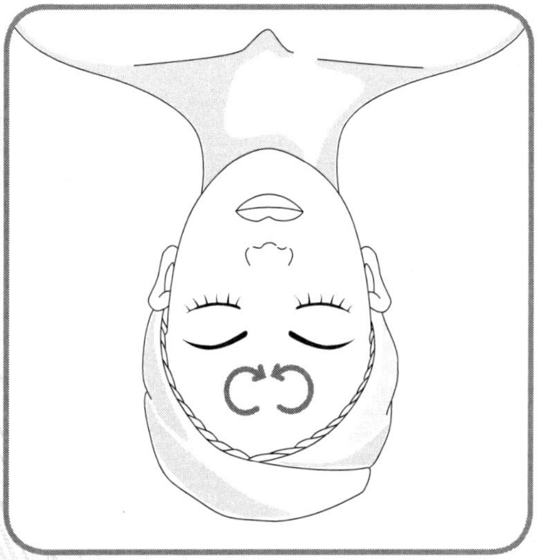

㉖ 이마 작은 원 그리기

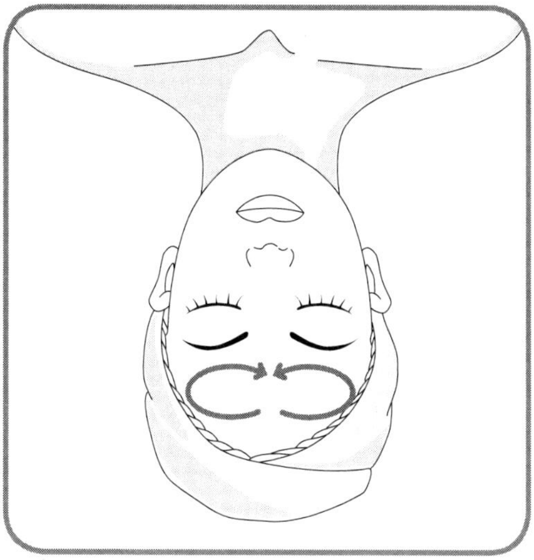

㉗ 이마 큰 원 그리기

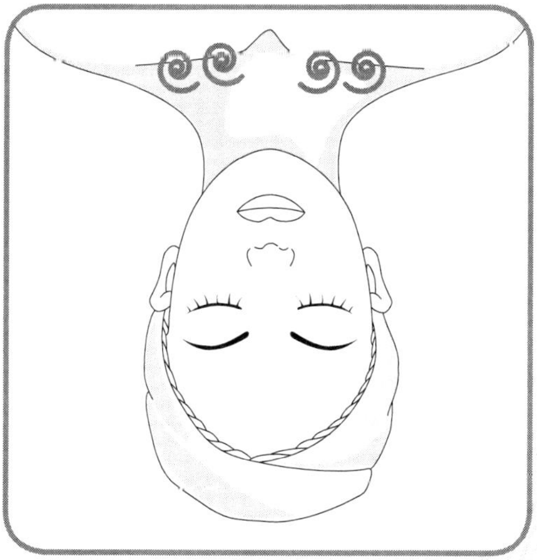

㉘ 쇄골 안쪽 펌핑

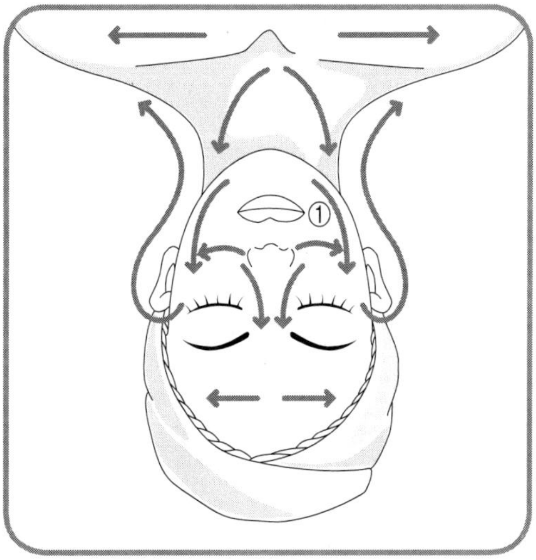

㉙ 전체 에플라지(처음 동작과 똑같이 하기)

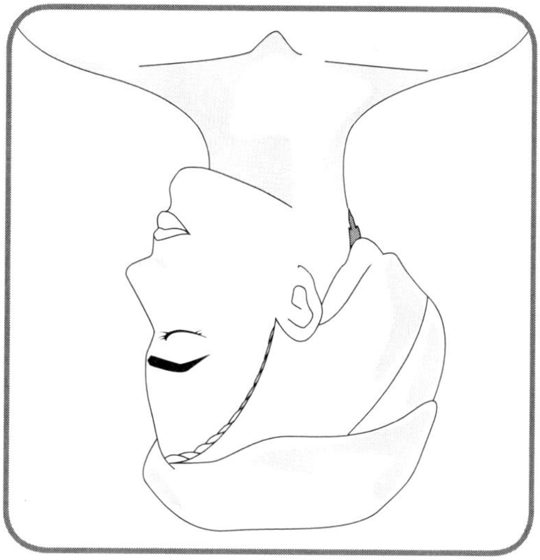

㉚ 고개를 한쪽 방향으로 돌려 놓는다.

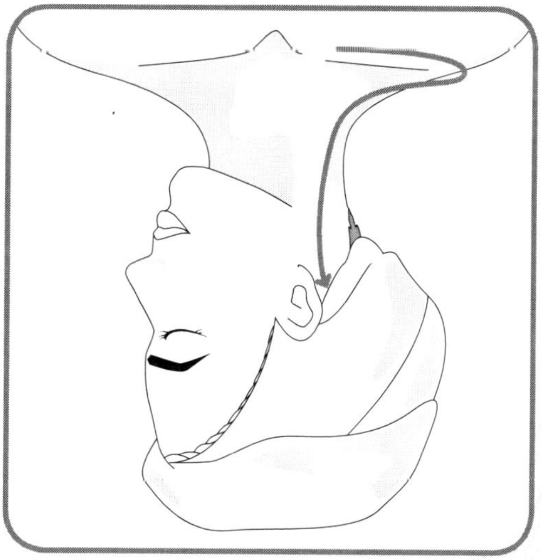

㉛ 뒷목 스트레칭

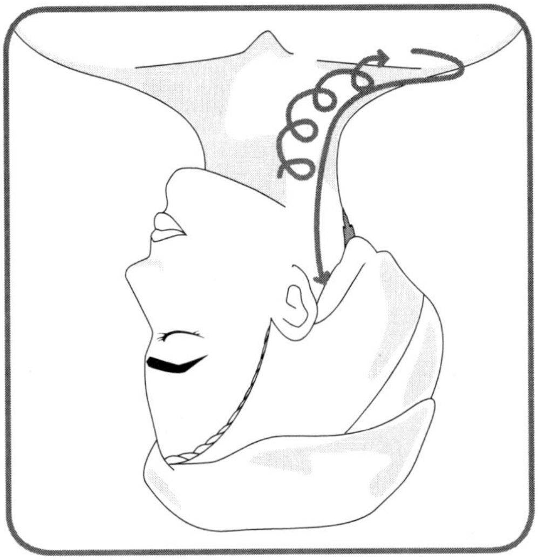

㉜ 뒷목 프릭션

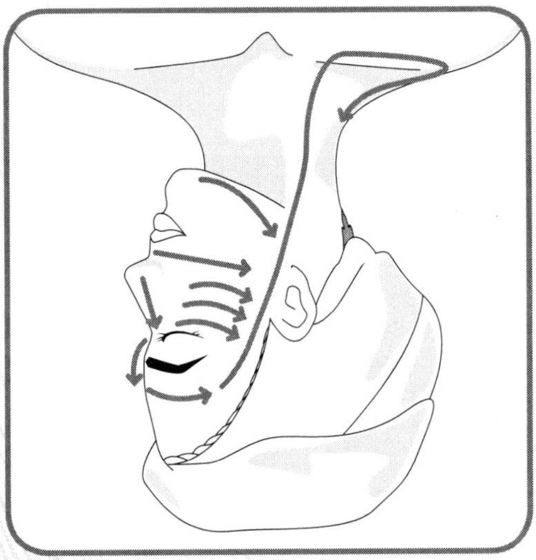

㉝ 얼굴 측면 쓸어주기

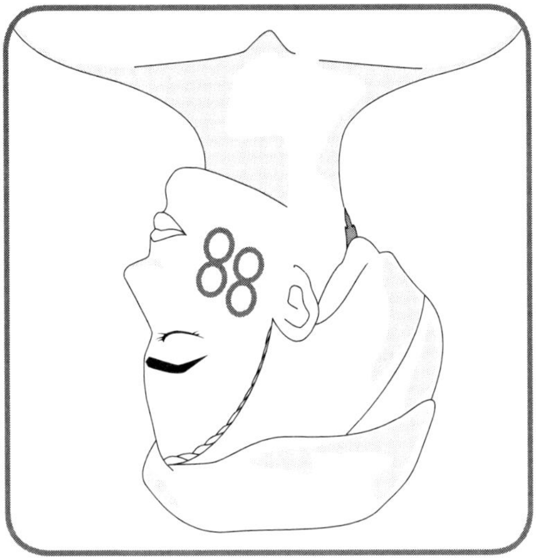

㉞ 양손 볼 쓸어올리기

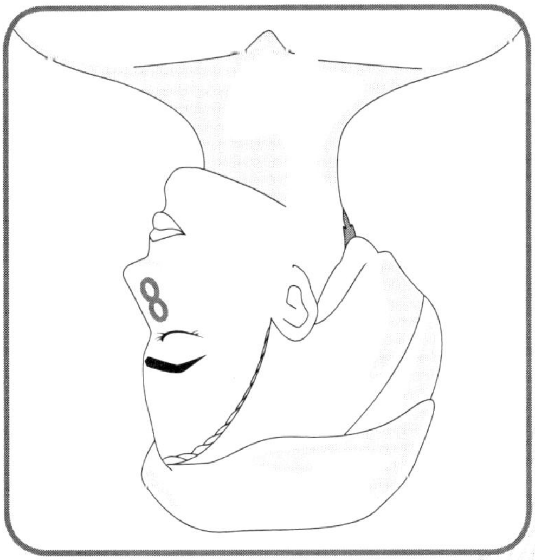

㉟ 코벽 8자 쓸어올리기

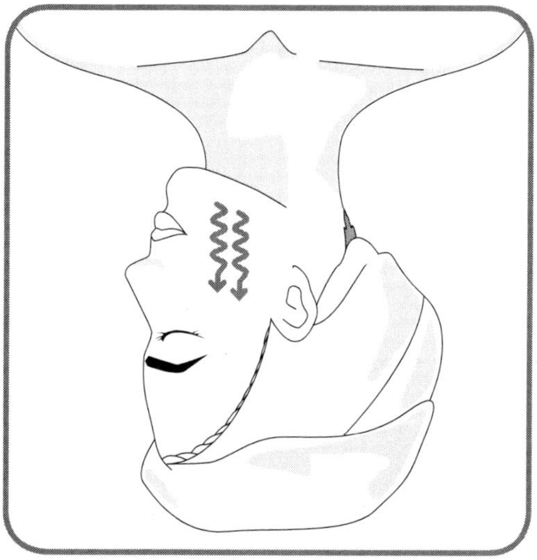

㊱ 볼 외측 바이브레이션

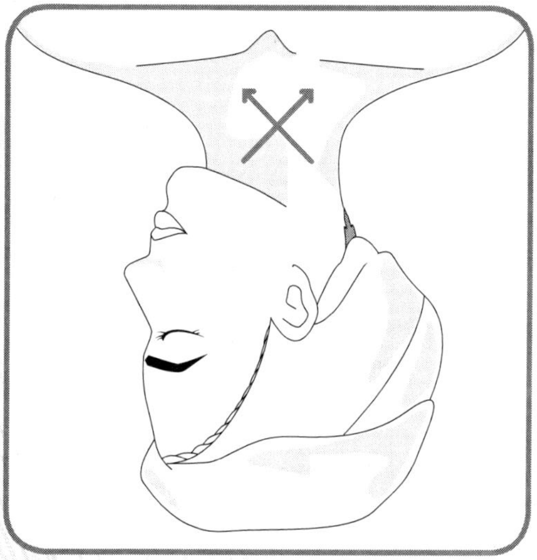

㊲ 목 X자 쓸어주기

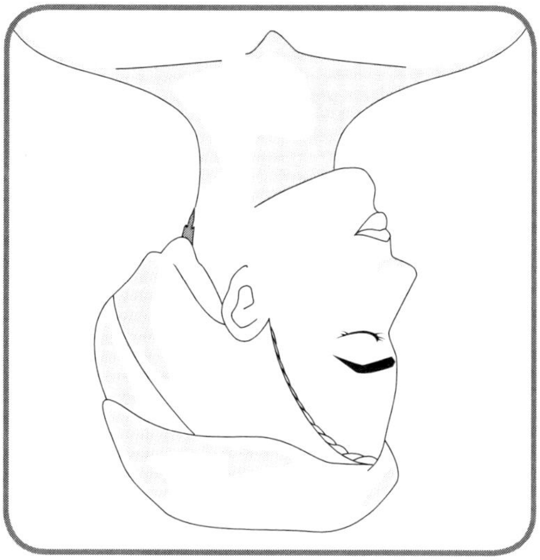

㊳ 고개를 반대 방향으로 돌려 놓는다.

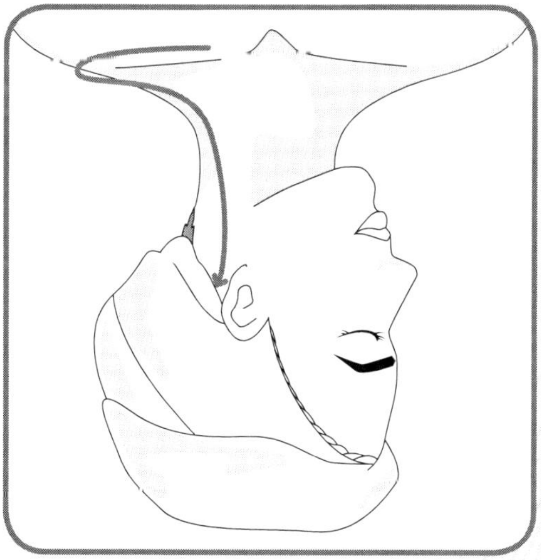

㊴ 뒷목 스트레칭

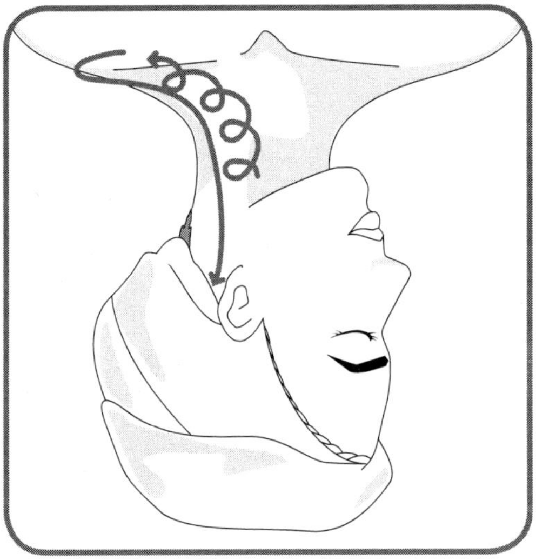

㊵ 뒷목 프릭션

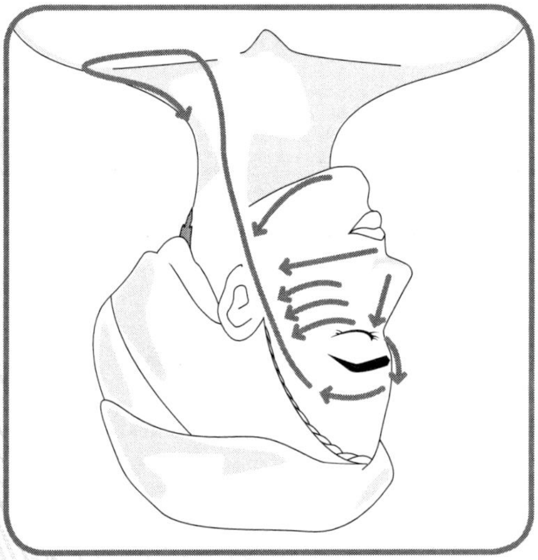

㊶ 얼굴 측면 쓸어주기

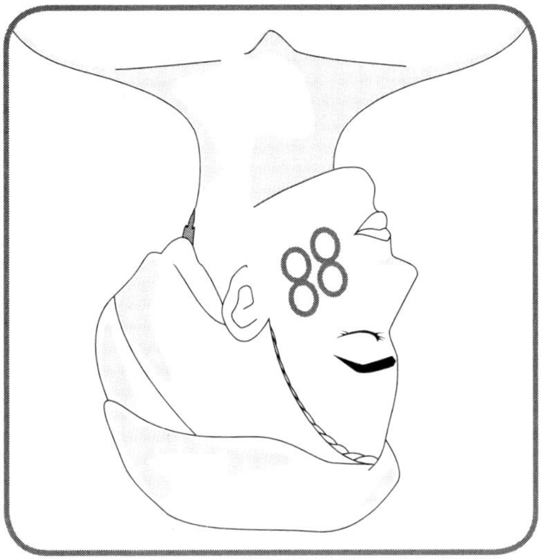

㊷ 양손 볼 쓸어올리기

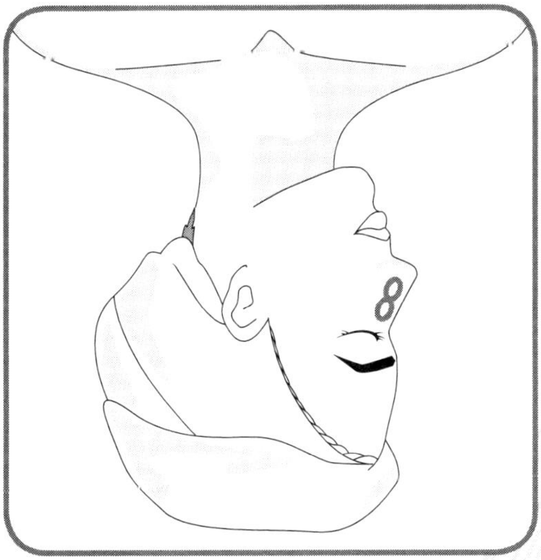

㊸ 코벽 8자 쓸어올리기

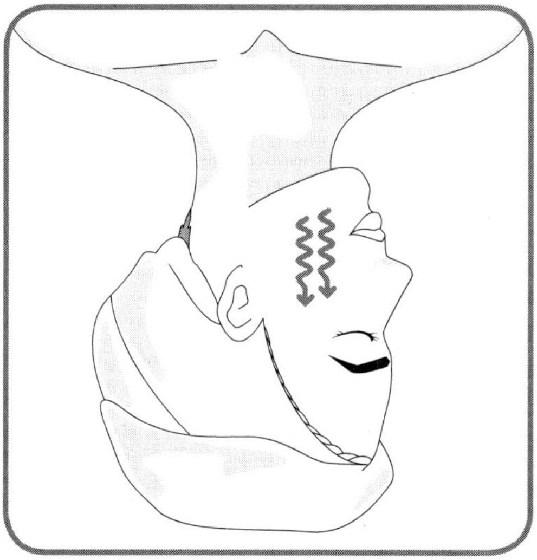

㊹ 볼 외측 바이브레이션

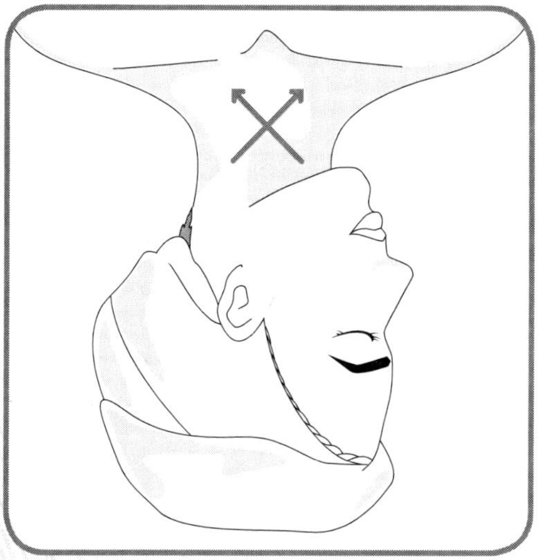

㊺ 목 X자 쓸어주기

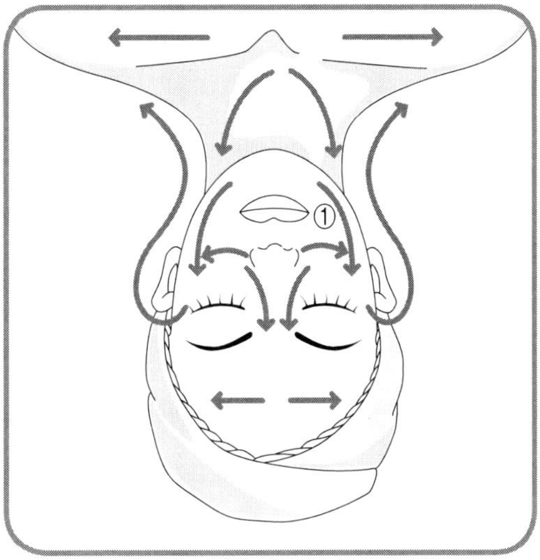

㊻ 전체 에플라지

2) 데꼴테 실전 테크닉

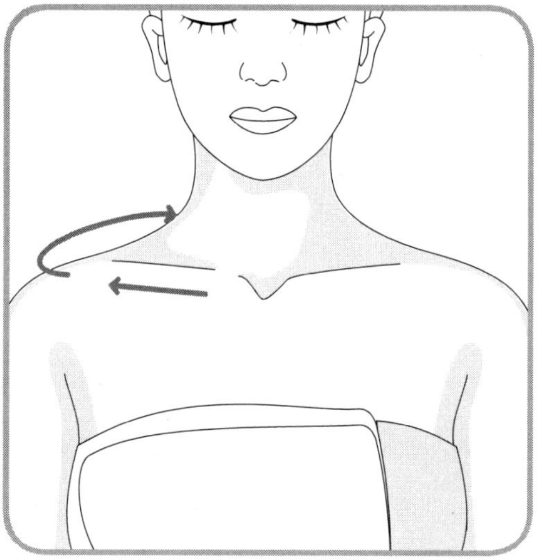

① 제품도포 및 3단 에플라지: 1)데꼴테 외측방향 에플라지

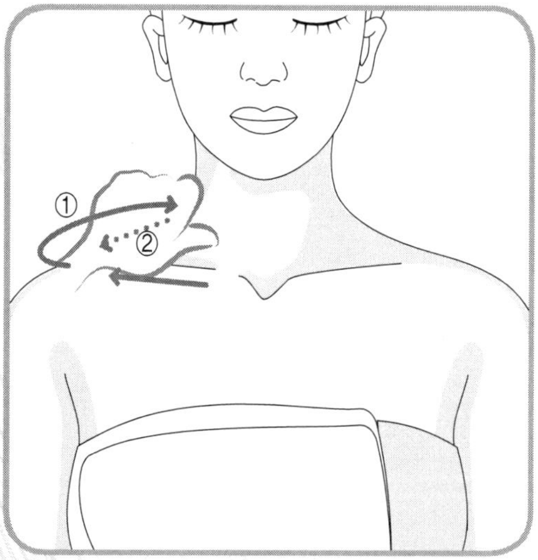

② 제품도포 및 3단 에플라지: 2)승모근 에플라지 : 에플라지 후 승모근을 살짝 잡듯 쓸기한다.

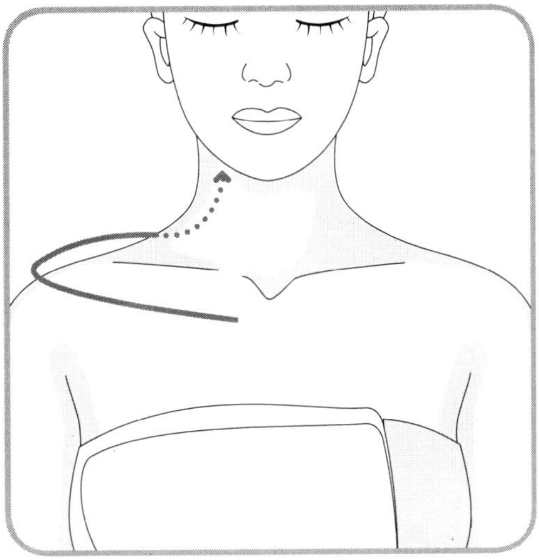

③ 제품도포 및 3단 에플라지: 3)뒷목 에플라지 : 에플라지 후 손끝을 이용 뒷목쓸기한다.

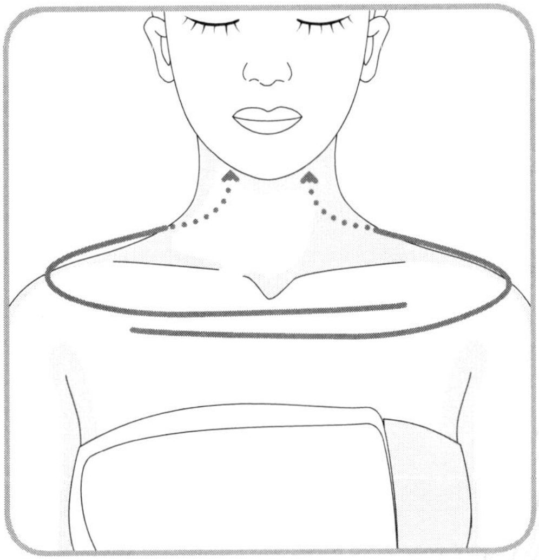

④ 엘리베이터 쓸기: 양손 뒷목과 어깨부분에서 시작 회전하듯 양손 쓸어주기 한다.

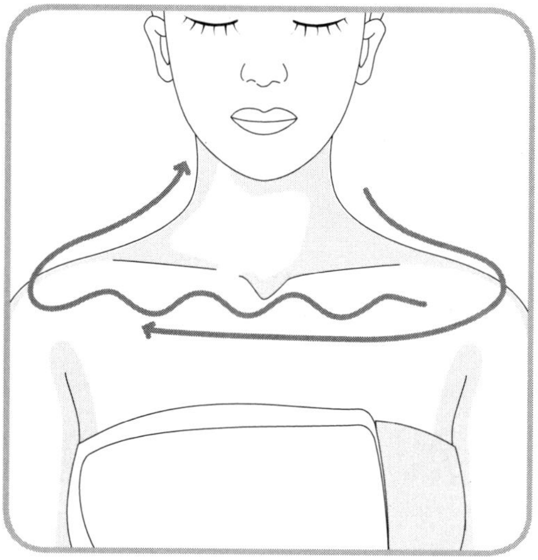

⑤ 물결 엘리베이터 쓸기 : 데꼴테 앞부분 물결쓸기후 엘리베이터 쓸어주기 한다. (반대방향 동일실시)

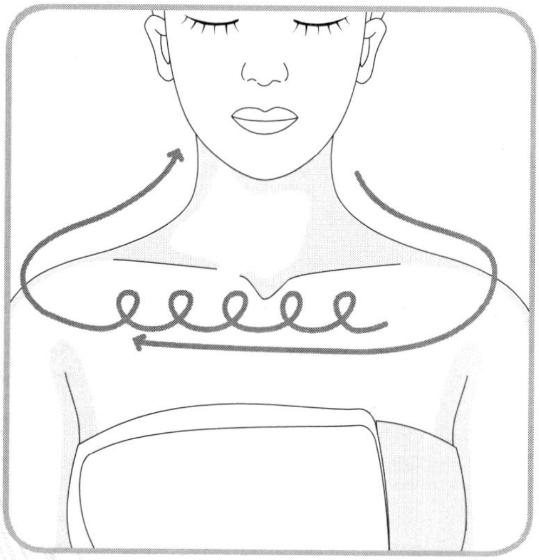

⑥ 프릭션 엘리베이터 쓸기 : 한쪽손끝 데꼴테 브릭션 후 엘리베이터 쓸어주기 한다. (반대방향동일 실시)

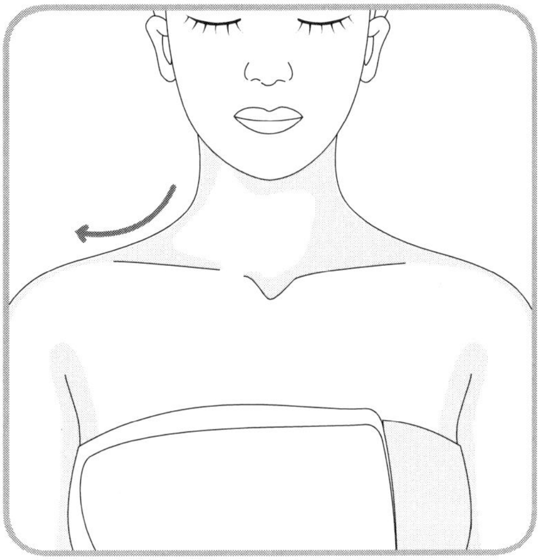

⑦ 승모근 주먹쓸기 : 반주먹 쥐고 검지부분으로 승모근 쓸어주기 한다. (한쪽씩)

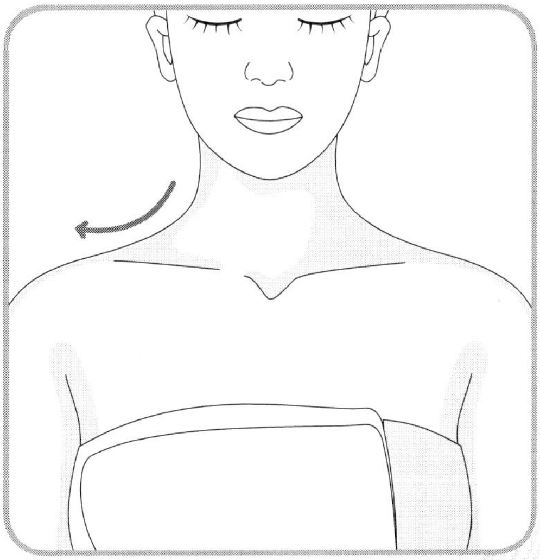

⑧ 승모근 가위쓸기 : 엄지를 이용 승모근외측방향 쓸어주기 한다. (한쪽씩)

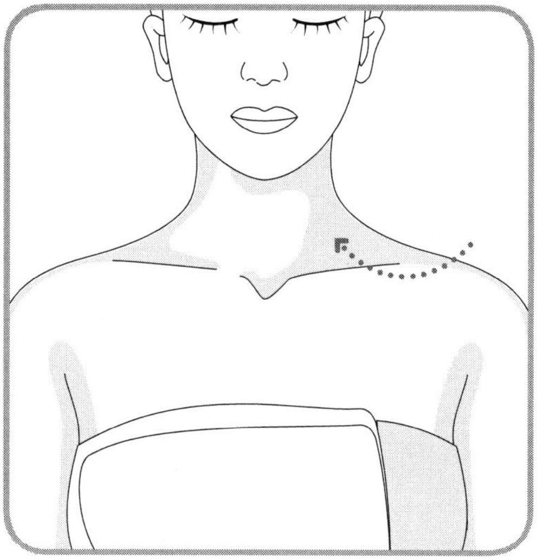

⑨ 승모근 보자기 쓸기 : 손끝을 이용 승모근 주무르듯 쓸어주기 한다.

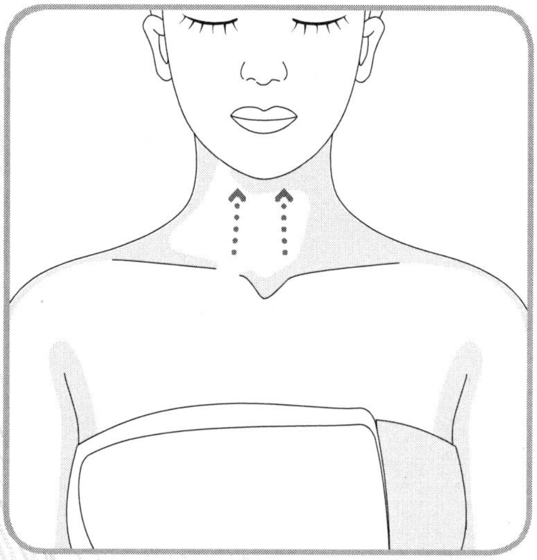

⑩ 뒷목 피아노치기 : 검지와 중지를 번갈아이용 뒷목 쓸어 올리기 한다.

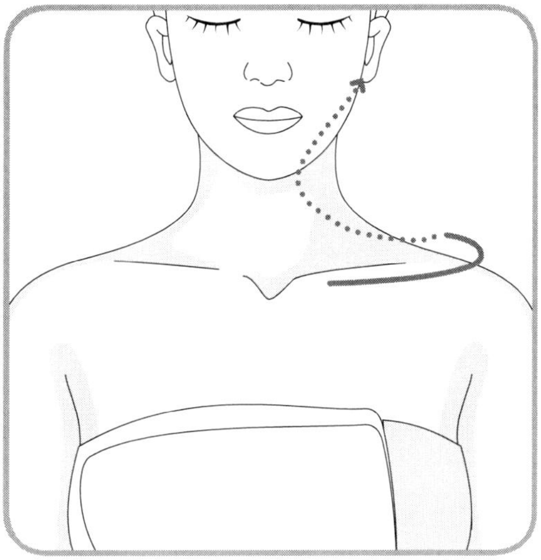

⑪ 에플라지 : 테꼴테 에플라지 한다.

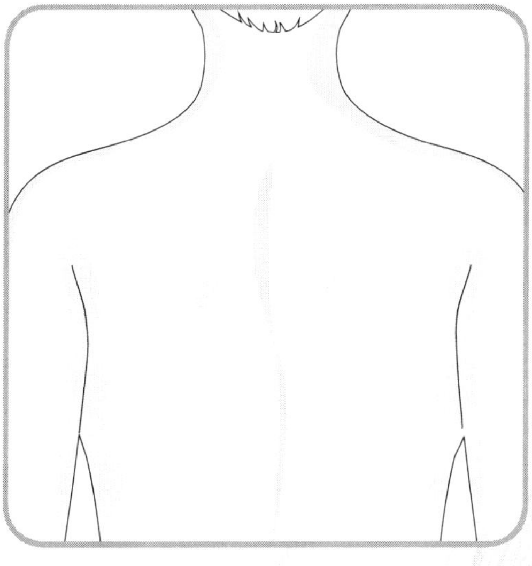

⑫ 기립근 마사지를 위해 고객님께 "어깨 들어주십시오" 하고, 베드 타올을 아랫방향으로 내려주기 한다.

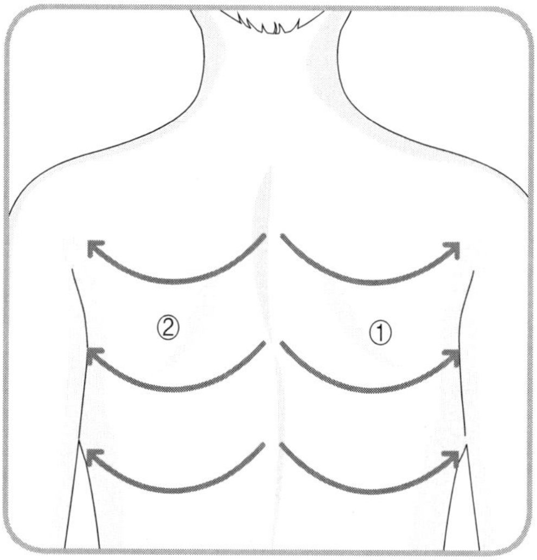

⑬ 등 제품 도포 : 반대 손은 뒷목을 잡고 수영방향 등 제품 도포 한다. (반대방향 동일실시)

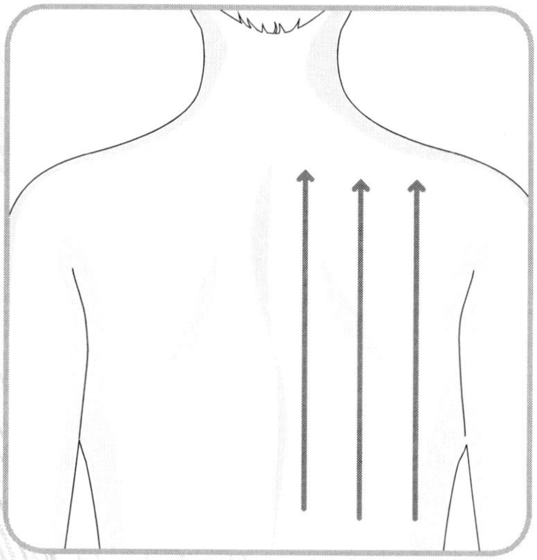

⑭ 기립근 훑어주기 : 손끝을 이용 기립근 외측방향 3 등분 쓸어올리기 한다.

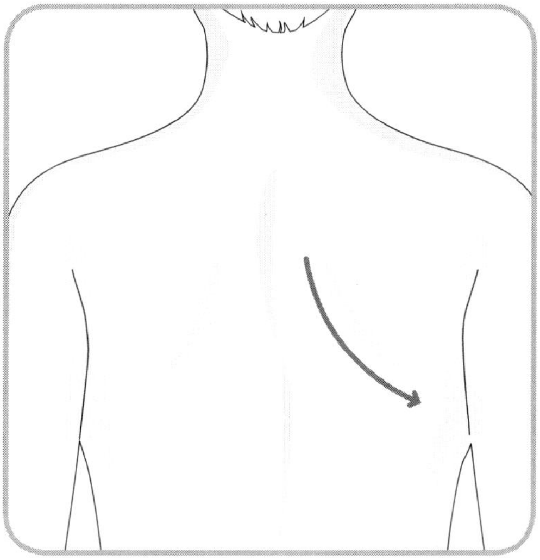

⑮ 견갑골 쓸어주기 : 손끝을 이용 견갑골 수영방향 수영반대 방향 쓸어주기 한다.

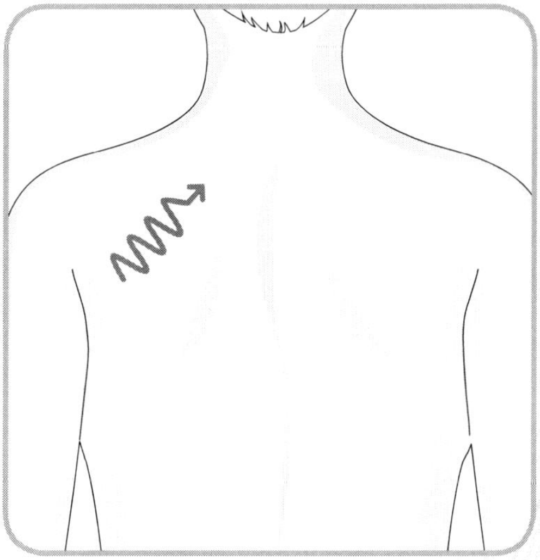

⑯ 승모근 바이브레이션 : 반대편 승모근 바이브레이션 한다.

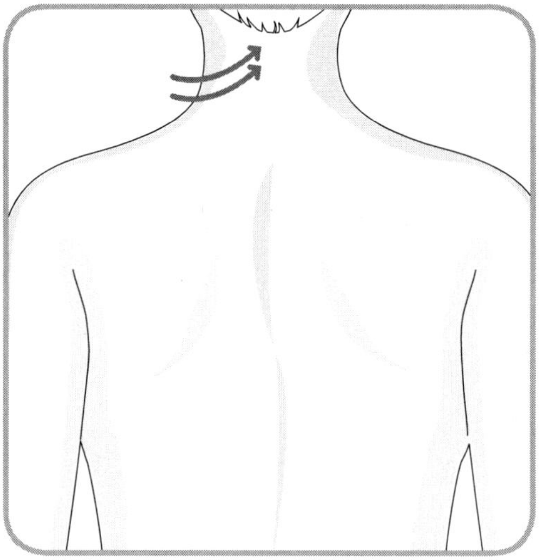

⑰ 뒷목 쓸어주기 : 반대편 뒷목 쓸어주기 한다.

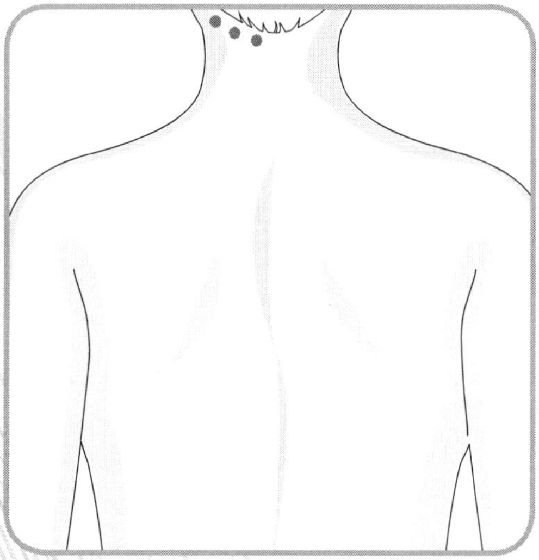

⑱ 후두 압주기 : 후두 손끝 압주기 한다.

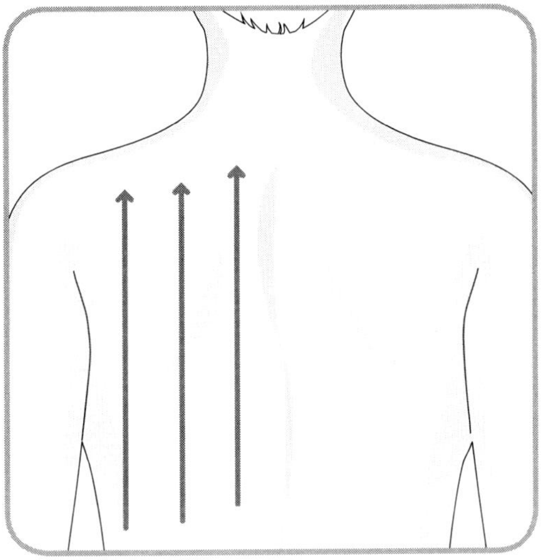

⑲ 반대쪽 기립근 훑어주기

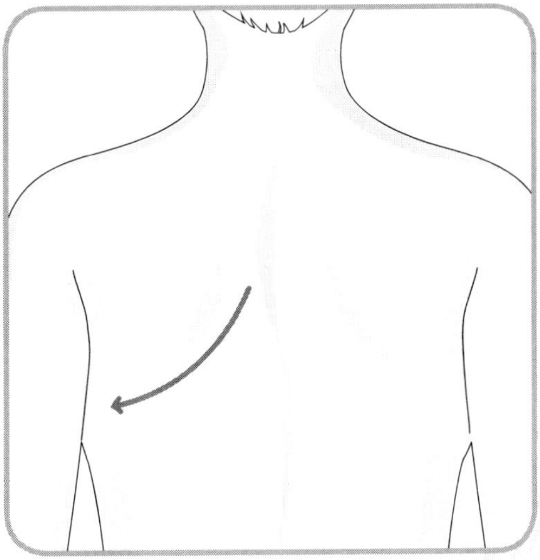

⑳ 견갑골 쓸어주기

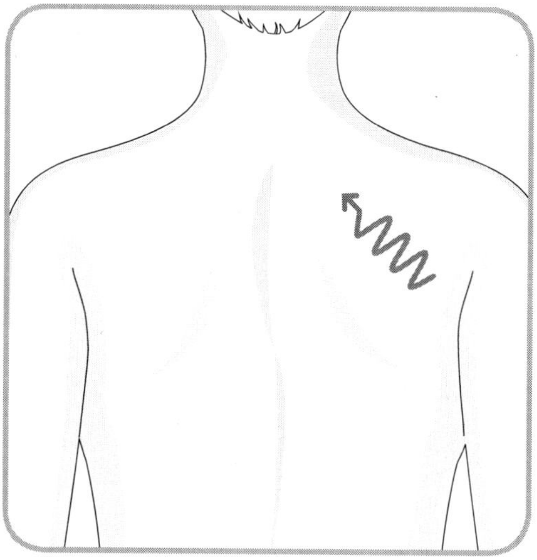

㉑ 승모근 바이브레이션

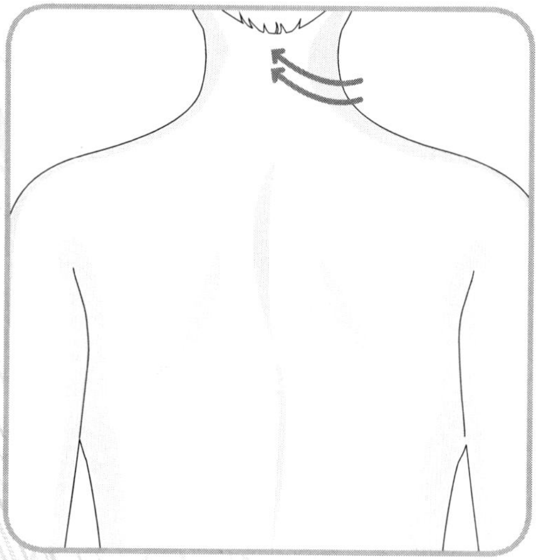

㉒ 뒷목 쓸어주기

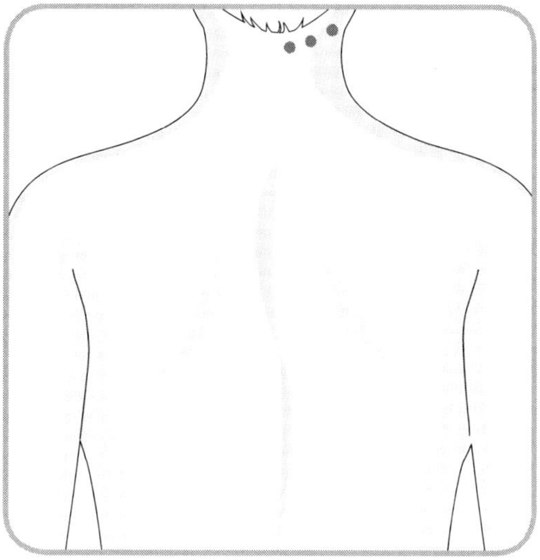

㉓ 후두 압주기

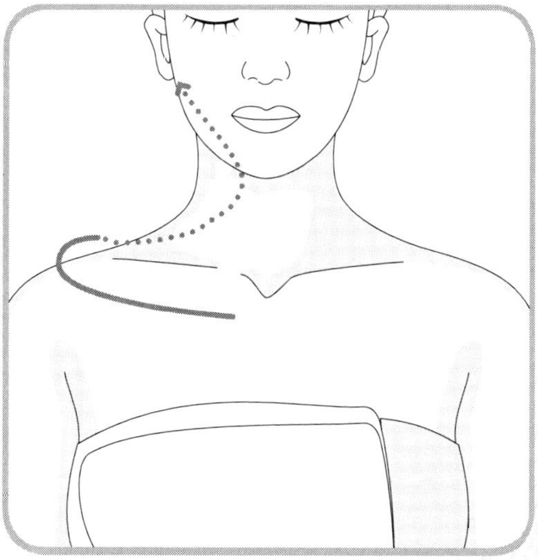

㉔ 에플라지 : 테꼴테 에플라지 한다.

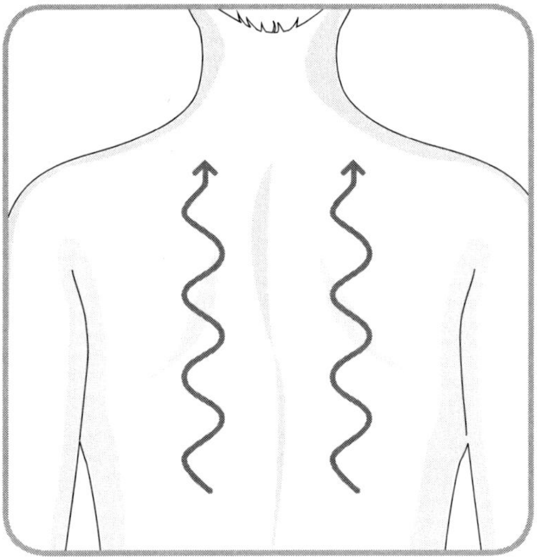

㉕ 기립근 양손 물결쓸기 : 기립근 양손으로 물결 모양 쓸어올리기 한다.

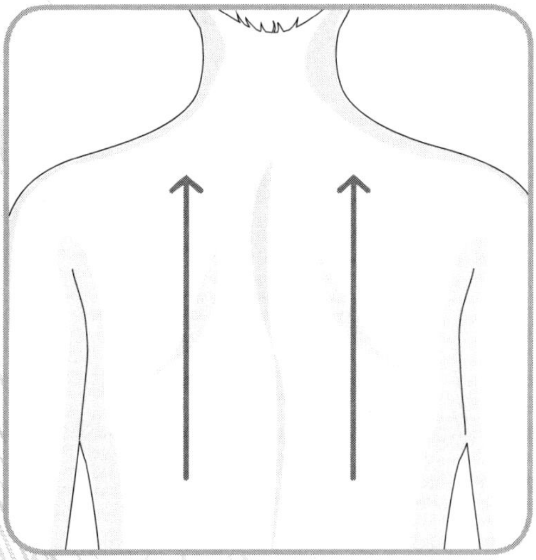

㉖ 기립근 양손 쓸기 : 기립근 양손으로 후두까지 쓸어 올리기 한다.

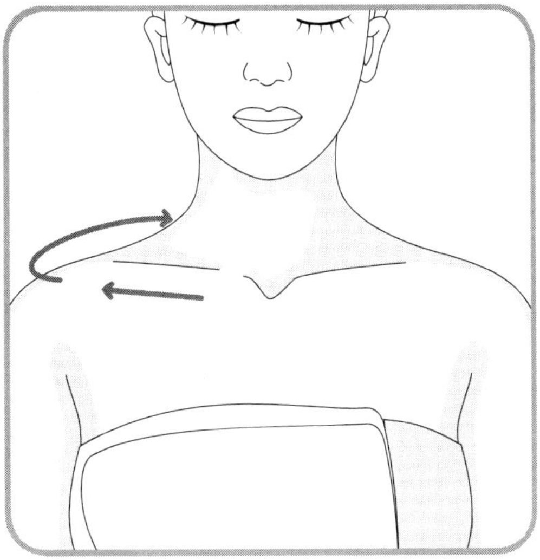

㉗ 제품도포 및 3단 에플라지: 1)데꼴테 외측방향 에플라지

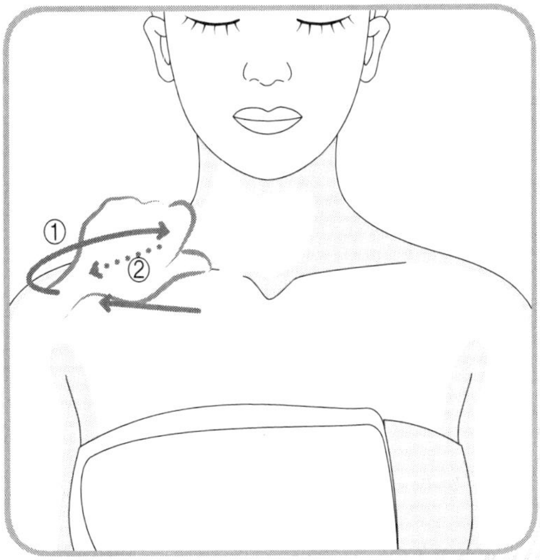

㉘ 제품도포 및 3단 에플라지: 2)승모근 에플라지 : 에플라지 후 승모근을 살짝 잡듯 쓸기한다.

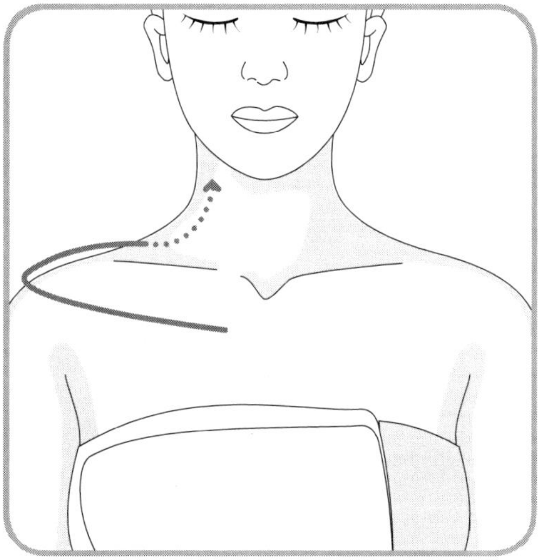

㉙ 제품도포 및 3단 에플라지: 3)뒷목 에플라지 : 에플라지 후 손끝을 이용 뒷목쓸기한다.

8. 팩과 마스크(pack & mask)

(1) 팩과 마스크의 특성

1) 팩의 특성

피부위에 제품 도포 후 공기가 통과하여 차단막을 형성하거나 굳어지지 않는다. 물과 습포 해면 등으로 제거가 용이하다.

2) 마스크의 특성

피부위에 제품 도포 후 재료가 응고되어 마른상태로 제품을 제거할 수 있다. 응고된 제품의 특성상 외부 공기가 차단되어 제품흡수와 피부의 수분증발을 막아 보습력이 향상되고 도포한 제품의 유효성분 침투가 쉬워진다.

(2) 효과 효능

① 수분 및 영양공급
② 피부개선효과
③ 안색정화
④ 진정작용
⑤ 피지흡착작용
⑥ 살균효과 및 모공수축

(3) 사용방법

① 딥 클렌징이나 마사지 다음 단계에 사용한다.
② 피부 유형에 맞는 적당한 타입을 선택한다.
③ 붓 또는 스파츌라을 이용하여 도포한다.
④ 도포순서 : 볼 → 턱 → 코 → 이마 → 목
⑤ 도포 후 아이패드, 립 패드를 사용하여 고객에게 안정감을 부여한다.
⑥ 사용시간 : 10분~20분

(4) 사용 시 주의사항

① 팩과 마스크제품의 특징에 대해 고객에게 이야기해 드린다.
② 고무마스크와 쿨석고 마스크는 사용감이 쿨링한 느낌임을, 웜석고 마스크는 사용감이 따뜻한 느낌임을 말씀드린다.
③ 팩과 마스크 도포 3분 후에 고객에게 불편하신 점을 여쭈어보고, 편을 해소해 드

린다.

④ 분말제형과 크림제형은 세척 후 소독하여 물기가 없는 용기에 덜어 사용한다.

⑤ 팩과 마스크의 사용량을 정확히 사용한다.

⑥ 팩과 마스크 도포 후 눈과 입술을 아이패드와 립패드로 보호해 드린다.
마스크 제거 시 주변 조명을 낮추어 제거 후 눈의 피로감을 덜어드린다.

(5) 제거방법에 따른 분류

1) 굳어서 떼어내는 형태(peel off, film type)

피부에 도포후 일정시간 방치 후 물로 제거하는 형태이다. 크림, 젤, 거품, 분말형등의 다양한 형태의 제품은 사용후 물로씻어내어 편리하고, 사용후 청량감을 느낄수 있다.

2) 물로 씻어 제거하는 형태(wash off type)

피부에 도포후 일정시간 방치 후 티슈로 닦아내는 타입으로 홈케어용으로 많이 사용되어진다. 도포후 가볍게 제거하여 사용할수 있으므로 공간적으로도 사용이 편이하다. 제품의 사용 특징으로는 영양공급 수분공급등 공급의 목적이 높으므로 건성 노화피부타입에 사용된다.

3) 티슈로 닦아 제거하는 형태(tissue off type)

피부에 도포후 일정시간 방치후 굳어지는 형태로 떼어낼 때 과피지와, 불순물 및 죽은 각질세포가 함께제거되는 효과가 있어 피부의 청정효과가 있다.

석고, 고무마스크등의 제형이 있다.

도포시 균일하게 도포하여 피부자극과 제거가 용이하다.

(6) 팩과 마스크의 사용방법

1) 크림 팩

크림타입 제제의 팩으로서 피부타입에 맞는 제품을 선택하여 붓을 이용하여 얼굴도포한다. 예민피부타입, 건성피부타입등 피부 컨디션에 맞는 제품을 사용함으로 마사지 전 피부의 컨디션을 맞추어주는 단계로 사용한다.

■ 준비물

피부 타입에 맞는 크림팩(지성피부용, 건성피부용, 정상피부용) 유리볼, 스파츌라, 팩붓, 아이&립 패드

■ 방법

· 피부타입(T-존, U-존 목부위)에 맞는 크림팩을 유리볼에 덜어 놓는다.
· 아이크림과 립 크림을 도포한다.
· U-존 부위에 해당 팩을 피부안쪽에서 바깥방향으로 피부결을 따라 발라준다.
· T-존 부위에 해당 팩을 피부안쪽에서 바깥방향으로 피부결을 따라 발라준다.
· 목 부위에 해당 팩을 피부안쪽에서 바깥방향으로 피부결을 따라 발라준다.
  - 목과 연결하여 쇄골 및 3cm까지 발라준다.
· 아이패드와 립 패드를 올려놓은 후, 터번을 풀고, 유효성분이 흡수되도록 7~8분 정도 기다린다.
· 아이패드 제거 후, 안면을 해면으로 닦아준다.
  - 크림 팩이 너무 말라 제거가 용이하지 않을시 젖은 거즈나 화장솜을 이용 수분을 보충 제거가 용이하도록 한다.
· 냉습포로 닦아준다.
· 토너를 이용 pH와 피부결을 정돈하여 준다.

· 마무리 크림을 도포하여 준다.

2) 고무 마스크

제품이 고무형태로 굳어져 제거하는 형태의 팩제이다. 제품에 따라 고무팩제의 분말과 특수용액, 젤 등과 혼합하여 피부에 도포하는 제품이다. 제품이굳어지면서, 피부의온도를 낮추어 피부의 탄력과 진정에 효과적인 팩으로 제품도포전 앰플과 에센스를 도포하여효과를 높여 사용한다. 제품에 따라 특수 용액이 아닌 증류수나 정제수를 사용할수 이다.

■ 준비물

피부타입별 고무팩 가루, 특수용액 - 정수 or 정제수 , 수용성 앰플, 아이크림, 립크림,넥 크림, 고무볼, 스파츌라, 아이&립패드

■ 방법

· 모발에 마스크가 붙지 않도록 머리와 귀를 티슈로 감싸 터번으로 정리하여 준다.
· 피부 타입에 맞는 앰플과 에센스 아이크림과 넥 크림을 발라준다.
· 아이패드와 립패드를 올려준다.
· 고무볼에 고무팩 가루와 특수용액을 고루 섞어준다.
  - 특수용액이 없을 경우 정수 or 정제수와 1:1을 기준으로 섞어준다.
· 안에서 밖으로 아래에서 윗 방향으로 고른 두께로 얼굴과 목에 고루 도포하여 준다.
· 제품의 도포는 신속하고 정확하게 이루어지도록 한다.
· 도포 후 터번을 풀고, 유효성분이 흡수되도록 15~20분가량 팩제를 방치한다.
· 시간이 지난 후, 젖은 1회용해면이나 물기가 있는 해면을 이용 고무마스크의 가장자리부분을 적셔준다. 굳어진 고무 마스크를 아래에서 우로 제거하여 준다.

- 해면을 이용하여 잔여물을 제거한다.
- 냉습포로 닦아내기 한다.
- 토너를 이용 pH와 피부결을 정돈하여 준다.
- 마무리 크림을 도포하여 준다.

3) 석고마스크

석고는 적당량의 미온수를 섞어 피부에 도포 후 열(39~41℃)을 8~15분 정도 지속적으로 발열이 되어 진다. 석고는 자체의 온도 변화 외에는 특별한 제품성분의 흡수효과는 없으므로 석고 마스크 도포 전 피부의 유효성분의 앰플과 석고 전용팩제를 도포하여 열에 의한 흡수로 그 효과를 기대할 수 있다.

석고마스크는 피부의 온도를 일시적으로 올려줌으로서 혈액순환을 촉진 시켜주고 노화피부에 영양을 공급해주는 효과가 있다. 석고 마스크는 웜(Warm) 석고가 있고 쿨(Cool) 석고가 있는 데 쿨석고 또한 열이 오르나 멘톨이나 캄퍼 성분이 함유되어있어 피부의 쿨한 느낌이 받을 수 있다.

■ 준비물

타입별(웜, 쿨) 석고분말가루, 미온수 , 수용성 앰플, 아이크림, 립크림, 넥 크림, 피부타입별 석고전용 크림타입팩제, 석고볼, 스파츌라, 아이&립패드, 거즈, 티슈

■ 방법

- 모발에 마스크가 묻지 않도록 머리와 귀를 티슈로 감싸 터번으로 정리하여 준다.
- 피부타입에 맞는 앰플과 에센스 아이크림과 넥 크림을 발라준다.
- 피부타입별 석고전용 크림타입 팩제를 얼굴에 도포하여 준다.
- 아이패드와 립패드를 올려준다.
- 숨을 쉴수 있도록 코 부분을 잘라낸 거즈를 얼굴에 올려준다.

· 석고볼에 석고팩 가루와 미온수를 고루 섞어준다.
· 안에서 밖으로 아래에서 윗 방향으로 고른 두께로 얼굴과 목에 고루 도포하여 준다.
· 제품의 도포는 신속하고 정확하게 이루어지도록 한다.
· 도포 후 터번을 풀고, 유효성분이 흡수되도록 15~20분가량 팩제를 방치한다.
· 시간 경과 후 석고의 온도가 내려갔는지 손을 대보고 확인한다.
· 시간이 지난 후, 조명을 낮추어 석고 제거 후 고객의 눈부심을 방지한다.
· 석고마스크를 종방향, 횡방향으로 가볍게 흔들어 준 후 들어 올려 제거한다.
· 해면을 이용하여 잔여물을 제거한다.
· 냉습포로 닦아내기 한다.
· 토너를 이용 pH와 피부결을 정돈하여 준다.
· 마무리 크림을 도포하여 준다.

4) 벨벳 마스크

벨벳 마스크는 전연 콜라겐을 냉동, 농결 건조시킨 제품으로 여러 가지 모양의 시트 형태로 구성되어있다. 벨벳마스크는 제거가 간단하여 제거 시 피부의 자극이 비교적 적으므로 예민피부나, 레이져, 필링 등으로 피부 관리 후 자극된 피부의 진정관리에도 효과적이다. 모든 피부에 사용가능하며, 예민, 진정, 노화피부에 효과적이다.

■ 방법

· 벨벳마스크는 시트 형태에 따라 사용방법이 다양하나, 보편적 콜라겐 벨벳의 시트 형태인 직사각형의 종이모양(A4)을 설명한다.
· 벨벳을 원하는 모양에 맞게 절개하여 준비한다.
· 활성용액 or 정제수를 거즈와 1회용 해면을 이용 벨벳 마스크를 녹여가며 피부에 밀착 도포한다.

· 벨벳은 도포시간이 길어지면 조직이 연화되어 찢어질 수 있으므로 주의한다.
· 벨벳과 피부사이에 생긴 기포를 스파츌라로 제거하여 벨벳이 피부에 밀착되도록 한다.
· 도포 시간 경과 후 아래에서 윗 방향으로 제거하여 준다.
· 토너를 이용 pH와 피부결을 정돈하여 준다.
· 수용성 앰플 및 에센스를 도포한다.
· 마무리 크림을 도포하여 준다.

참고문헌

· 김영순 외, 건강과 체형관리학, 도서출판 청람, 2009

· 전세열 외, 피부영양학, 정담, 2002

· 조미영 외, 화장품학, 훈민사, 2005

· 홍재기 외, 피부관리 기초실습, 훈민사, 2011

· http://www.q-net.or.kr, 한국산업인력공단 사이트

저자약력

김 윤 정 교수

현) 명지전문대학 뷰티매니지먼트과 학과장

이 수 미 교수

현) 명지전문대학 뷰티매니지먼트과 외래교수

Basic SkinCare for Esthetician

에스테티션을 위한 기초 스킨케어

2017년 2월 28일 (1판 1쇄 발행)

2021년 3월 4일 (1판 3쇄 인쇄) / 2021년 3월 9일 (1판 3쇄 발행)

지은이. 김윤정, 이수미

펴낸이. 고범석 | 펴낸곳. 가담플러스. 서울시 마포구 동교로 144-7 영일빌딩

등록. 2011년 8월 23일 제 2013-000043호

E-mail. gadambooks@naver.com

www.gadambooks.com

ISBN 979-11-86447-19-2 93590 가격 **19,000**원